Jahresbericht

der forstlich-phänologischen Stationen Deutschlands.

Herausgegeben

im Auftrage des Vereins Deutscher forstlicher Versuchsanstalten

von der

Grossh. Hessischen Versuchsanstalt

zu Giessen.

Erster Jahrgang 1885.	Preis M. 2,—.	Zweiter Jahrgang 1886.	Preis M. 2,—.
Dritter Jahrgang 1887.	Preis M. 2,—.	Vierter Jahrgang 1888.	Preis M. 2,—.
Fünfter Jahrgang 1889.	Preis M. 2,—.	Sechster Jahrgang 1890.	Preis M. 2,—.
Siebenter Jahrgang 1891.	Preis M. 2,—.	Achter Jahrgang 1892.	Preis M. 2,—.
Neunter Jahrgang 1893.	Preis M. 2,—.	Zehnter Jahrgang 1894.	Preis M. 2,—.

Beobachtungs-Ergebnisse

der von den forstlichen Versuchsanstalten des Königreichs Preussen, des Herzogthums Braunschweig, der thüringischen Staaten, der Reichslande und dem Landesdirectorium der Provinz Hannover eingerichteten

forstlich-meteorologischen Stationen.

Herausgegeben von

Dr. A. Müttrich,

Professor an der Königl. Forstakademie zu Eberswalde und Dirigent der meteorologischen Abtheilung des forstlichen Versuchswesens in Preussen.

Erscheint seit 1875; jährlich 12 Nummern.

Preis für den Jahrgang M. 2,—.

Jahresbericht

über die Beobachtungsergebnisse der von den forstlichen Versuchsanstalten des Königreichs Preussen, des Herzogthums Braunschweig, der thüringischen Staaten, der Reichslande und dem Landesdirectorium der Provinz Hannover eingerichteten

forstlich-meteorologischen Stationen.

Herausgegeben von

Dr. A. Müttrich,

Professor an der Königl. Forstakademie zu Eberswalde und Dirigent der meteorologischen Abtheilung des forstlichen Versuchswesens in Preussen.

Erscheint seit 1875.

Preis für den Jahrgang M. 2,—.

Samen, Früchte und Keimlinge

der in

Deutschland heimischen oder eingeführten forstlichen Culturpflanzen.

Ein Leitfaden

zum Gebrauche bei Vorlesungen und Uebungen der Forstbotanik, zum Bestimmen und Nachschlagen für Botaniker, studirende und ausübende Forstleute, Gärtner und andere Pflanzenzüchter.

Von

Dr. Karl Freiherr von Tubeuf,

Privatdozent an der Universität München.

Mit 179 in den Text gedruckten Originalabbildungen.

Preis M. 4.—; geb. M. 5.—

Jahresbericht

der

forstlich-phänologischen Stationen

Deutschlands.

Herausgegeben

im Auftrag

des Vereins Deutscher forstlicher Versuchsanstalten

von der

Grossh. Hessischen Versuchsanstalt

zu Giessen.

X. Jahrgang. 1894.

Springer-Verlag Berlin Heidelberg GmbH
1896.

ISBN 978-3-662-33537-6   ISBN 978-3-662-33935-0 (eBook)
DOI 10.1007/978-3-662-33935-0

Inhalts-Verzeichniss.

Einleitung.

Der hier vorliegende zehnte Jahresbericht enthält die Beobachtungs-ergebnisse von 219 Stationen — 6 weniger als im Vorjahre 1893 — und ist einschliesslich der begleitenden Bemerkungen zu Abschnitt IV und V von den Herren Forstassessoren Schwinn und Scheel dahier ausgearbeitet.

Mit diesem Berichte schliesst die Reihe der Veröffentlichungen über einzelne Jahre. Eine Hauptübersicht der ganzen zehnjährigen Beobachtungsreihe und ihrer Endergebnisse wird demnächst als besonderes Heft im gleichen Verlage erscheinen.

Giessen, im März 1896.

Dr. Wimmenauer.

I. Verzeichniss

der

forstlich - phänologischen Stationen,

auf welchen im Jahre 1894 Beobachtungen angestellt worden sind.

I. F. V. A.*) Baden.

Ord.-No.	Station	Beobachter		Kreis	Ungefähre Meereshöhe des Beobachtungsgebietes m
1	Baden-Baden	Oberförster	v. Bodman	Baden	350
2	St. Blasien	„	Wittmer	Waldshut	800
3	Engen	„	Freiberger	Konstanz	550
4	Eppingen	„	Weismann	Heidelberg	200
5	Ettlingen	„	Widmann	Karlsruhe	260
6	Freiburg i. B.	„	Hüetlin	Freiburg	380
7	Gengenbach	„	Hübsch	Offenburg	320
8	Gerlachsheim	„	von Buol	Mosbach	290
9	Karlsruhe	„	Hamm	Karlsruhe	105
10	Kenzingen	„	Stöckel	Freiburg	180
11	Lahr	„	v. Bodmann	Offenburg	160
12	St. Leon	„	Riedmatter	Heidelberg	110
13	Lörrach	„	Flachsland	Lörrach	370
14	Messkirch	„	Graf v. Wiser	Konstanz	700
15	Mosbach	„	Neuberger	Mosbach	250
16	Schönau i. W.	„	Diesslin	Lörrach	900
17	Staufen	„	Thilo	Freiburg	700
18	Thiengen	„	Greiner	Waldshut	450
19	Todtnau	„	Bell	Lörrach	1000
20	Villingen	„	Roth	Villingen	710
21	Waldkirch	„	Kurtz	Freiburg	400
22	Weinheim	„	Schmitt	Mannheim	250

---

*) F. V. A. = Forstliche Versuchs-Anstalt.

2. F. V. A. Braunschweig.

Ord.-No.	Station	Beobachter	Kreis	Ungefähre Meereshöhe des Beobachtungsgebietes m
1	Braunlage	Forstschutzaspirant Schlutter	Blankenburg	570
2	Harzburg	Förster Lüdecke	Wolfenbüttel	241
3	Hasselfelde	Oberf. Winkelvos	Blankenburg	400
4	Heimburg	„ v. Schwartzkoppen	„	300
5	Lichtenberg	„ Bode	Wolfenbüttel	190
6	Marienthal	Förster de•Lamare	Helmstedt	150
7	Riddagshausen	„ Bäbenroth	Braunschweig	75
8	Scharfoldendorf	Oberförster von Specht	Holzminden	200
9	Schiesshaus	„ Könnecke	„	438
10	Todtenrode	Förster Renneberg	Blankenburg	375

3. F. V. A. Elsass-Lothringen.

Ord.-No.	Station	Beobachter	Verwaltungs-bezirk	Ungefähre Meereshöhe des Beobachtungsgebietes m
1	Banzenheim	Revierförster Janton	Ober-Elsass	222
2	Château Salins	Forsthülfsaufseher Frantz	Lothringen	250
3	Dambach	Hegemeister Stirn	Unter-Elsass	412
4	Daumen	Förster Krebs	„	360
5	Diebolsheim	„ Wild	„	160
6	Eulenkopf	Revierförster Lehmann	Lothringen	210
7	Hagenau	Forsthilfsaufseher Junker	Unter-Elsass	145
8	Hirschkopf	Revierförster Göbel	„	700
9	Lutterbach	Förster Westram	„	265
10	Lützelbach	„ Müller	Ober-Elsass	500
11	Meierei	„ Augustin	Lothringen	800
12	Melkerei	„ Knab	Unter-Elsass	930
13	Metzeral	Revierförster Abel	Ober-Elsass	650
14	Mombronn	„ Melsheimer	Lothringen	340
15	St. Peter	Förster Schöpfer	Unter-Elsass	525
16	Porcelette	Förster Olbricht	Lothringen	290
17	Sierck	Forstmeister Deneke	„	250
18	Thierenbach	Hegemeister Leseux	Ober-Elsass	500
19	Urbeis	Förster Waltisperger	„	850
20	Walscheid	Revierförster Rumler	Lothringen	490

4. F. V. A. Hessen.

Ord. No.	Station	Beobachter	Provinz	Ungefähre Meereshöhe des Beobachtungsgebietes m
1	Alzey	Forstmstr. Frh. v. Schenck zu Schweinsberg	Rheinhessen	160
2	Beerfelden	Forstwart Schäfer	Starkenburg	400
3	Bingenheim	Präceptor Lucius	Oberhessen	120
4	Blofeld	Forstwart Fischer	„	120
5	Büdingen	Forstmeister Leo	„	136
6	Dorf-Erbach	Forstwart Gölz	Starkenburg	230
7	Feldkrücken	„ Meyer	Oberhessen	590
8	Finkenloch	„ Weitzel	„	260
9	Gedern	Forstmeister Kirchner	„	370
10	Giessen	Univ.-Forstgärtner Dörmer	„	160
11	Grebenhain	Bürgermeister Jost	„	450
12	Greifenhain	Oberförster Brill in Alsfeld	„	300
13	Gross-Bieberau	„ Spengler	Starkenburg	162
14	Gross-Steinheim	Forstwart Müller	„	98
15	Gross-Umstadt a	„ Zimmer	„	250
16	„ „ b	„ Haag in Heubach	„	250
17	Hainbach	Oberförster Kutsch in Burg-Gemünden	Oberhessen	240
18	Haisterbach	Forstwart Hotz	Starkenburg	285
19	Heiligkreuz	Förster Dammel, Heiligkreuz b. Bingerbrück	Rheinhessen	244
20	Heubach	Forstwart Stauth	Starkenburg	270
21	Kröckelbach	Förster Schütz	„	240
22	Lich	Lehrer Wagner	Oberhessen	180
23	Lissberg	Forstwart Hartmann	„	180
24	Mitteldick	„ Sauerwein	Starkenburg	132
25	Nidda	„ Liehr	Oberhessen	130
26	Ober-Klingen	„ Himmelheber	Starkenburg	190
27	Ober-Rosbach	Forstmeister Strack	Oberhessen	163
28	Rudingshain	Forstwart Tröller	„	600
29	Stockhausen	„ Eichenauer	„	350
30	Viernheim	„ Beyer	Starkenburg	100
31	Wahlen i. Oberh.	„ Fritz	Oberhessen	350
32	Wahlen i. Odenw.	Förster Bayerer	Starkenburg	360
33	Waldmichelbach	Oberförster Grünewald	„	360
34	Wembach	Forstwart Schneider in Gross-Bieberau	„	180
35	Wenings	„ Müller	Oberhessen	350

5. F. V. A. Preussen.

Ord.-No.	Station	Beobachter	Regierungs-bezirk	Ungefähre Meereshöhe des Beobachtungs-gebietes m
1	Ahrweiler	Stadtförster Billesfeld	Coblenz	100
2	Altenau	Oberförster Scheidemantel	Hildesheim	650
3	Alt-Hammer	Revierförster Burich	Breslau	150
4	Alt-Morschen	Oberförster Rohnert	Cassel	350
5	Annarode	Förster Nicolai	Merseburg	370
6	Aurich	Hilfsjäger Schick	Aurich	10
7	Beurig	Forstmeister Ilse	Trier	185
8	Biedenkopf	„ Irle	Wiesbaden	400
9	Biederitz	Förster Meihof	Magdeburg	40
10	Brätz	Oberförster Erdmann	Posen	60
11	Brödlauken	Forstmeister Wohlfromm	Gumbinnen	50
12	Cappe	Revierförster Koch	Potsdam	50
13	Carlsberg	Forstsekretär Schrutek	Breslau	690
14	Claushagen	Oberförster Celbel	Köslin	180
15	Clötze	Förster Mierzwa	Magdeburg	80
16	Dietzhausen	Oberförster Schultze	Erfurt	450
17	Diez a. L.	Forstaufseher Gilbert	Wiesbaden	250
18	Dingken	Oberförster Schneider	Gumbinnen	15
19	Dippmannsdorf	Forstmeister Rosenthal	Potsdam	60
20	Driedorf	Oberförster Hünten	Wiesbaden	550
21	Eberswalde	Hülfsjäger Ulrich	Potsdam	40
22	Eichenberg	Förster Kurtzius	Erfurt	300
23	Eichquast	Revierförster Krüger	Posen	60
24	Eltville	Oberförster Zais	Wiesbaden	450
25	Elzerath	Revierförster Prigge	Trier	465
26	Escherode	Oberförster Manger	Hildesheim	380
27	Flörsbach	„ Grütter	Cassel	440
28	Födersdorf	Forstmeister Eberts	Königsberg	45
29	Frankenau	Oberförster Nothnagel	Cassel	430
30	Freyburg a. U.	„ Gründer	Merseburg	210
31	Friedrichsrode	Förster Billeb	Erfurt	350
32	Friedrichsthal	Oberförster Behrens	Oppeln	140
33	Fritzen	Forstaufseher Waschke	Königsberg	30
34	Germerode	Oberförster Kranold	Cassel	500
35	Glindfeld	Forstmeister v. Devivere	Arnsberg	430
36	Grammentin	„ Witzmann	Stettin	55
37	Habichtswald	Revierförster Rübenstahl	Münster	80
38	Hilders	Oberförster Rhenius	Cassel	500
39	Hohenholte	Forstaufseher Bethmann	Münster	60
40	Hollerath	Förster Busch	Aachen	550
41	Hüppelröttchen	„ Schmidt	Cöln	420

Ord.-No.	Station	Beobachter	Regierungs-bezirk	Ungefähre Meereshöhe des Beobachtungs-gebietes m
42	Hürtgen b.Düren	Oberförster Hüger	Aachen	390
43	Ibenhorst	„ Olberg	Gumbinnen	10
44	St. Johann	Forstmeister Scheuer	Trier	220
45	Johannisburg	Oberförster Krummhaar	Wiesbaden	320
46	Kirchberg	„ Bischoff	Coblenz	40
47	Klein-Briesen	Förster Kittell	Oppeln	130
48	Königsthal Bliedungen I	„ Giesecke	Erfurt	215
49	Königsthal Bliedungen II	Forstmeister Baer	„	200
50	Kottwitz	Förster Seliger	Breslau	100
51	Kurwien	Oberförster Rodig	Gumbinnen	124
52	Kyllburg	„ Volk	Trier	280
53	Lahnhof	Forstaufseher Volbracht	Arnsberg	610
54	Landeck	Oberförster Meix	Marienwerder	130
55	Leszno b. Schön-see	Forstmeister Kuntze	„	70
56	Lintzel	Provinzialförster Meyer	Lüneburg	95
57	Linz a. Rh.	Oberförster Melsheimer	Coblenz	122
58	Lohhecken	Revierförster Hoffmann	Posen	90
59	Minden i. W.	Förster Fakney	Minden	210
60	Mirau	Oberförster Heym	Bromberg	95
61	Mirchan	Hilfsjäger v. Koss	Danzig	250
62	Nesselgrund	Oberförster Halter	Breslau	550
63	Neuenheerse	Förster Merkel	Minden	300
64	Neuhaus	Forstaufseher Berg	Frankfurt a. O.	100
65	Neupfalz	Forstmeister Paulus	Coblenz	470
66	Neusternberg	Oberförster Engelhard	Königsberg	10
67	Oberems	„ Frh. v. Bibra	Wiesbaden	450
68	Obernkirchen	„ Lemmel	Minden	220
69	Oliva b. Danzig	Forstmeister Danz	Danzig	100
70	Paruschowitz	Förster Parursel	Oppeln	260
71	Pfeil	Oberförster Pawlowski	Königsberg	5
72	Pflanzgarten	Gartenmeister Block	Stettin	80
73	Proskau I [Pomol. Inst.]	Director Stoll	Oppeln	160
74	Proskau II	Forstaufseher Schöbel	„	160
75	Ratzeburg	Oberförster Merkel	Königsberg	140
76	Ravensberg	Förster Pohl	Minden	200
77	Reinfeld	„ Marggraf	Schleswig	40
78	Rogelwitz	„ Zwiener	Breslau	130
79	Rosenfeld	Forstaufseher Jäschke	Merseburg	80
80	Rosengrund	Förster Wolf	Bromberg	95

Ord.-No.	Station	Beobachter	Regierungs-bezirk	Ungefähre Meereshöhe des Beobachtungsgebietes m
81	Rothebude bei Neuendorf	Oberförster Brettmann	Gumbinnen	120
82	Rothenfier	Forstaufseher Krüger	Stettin	56
83	Rüthnick	Forstmstr. Gödeckemeyer	Potsdam	30
84	Sadlowo	Oberförster Witte	Königsberg	100
85	Saupark bei Springe	Forstmeister Hesse	Hannover	100
86	Schirpitz	Oberförster Gensert	Bromberg	55
87	Schmiedefeld	Forstaufseher Eisenträger	Erfurt	700
88	Schönwalde	Hilfsjäger Koltermann	Potsdam	40
89	Schoo	Forstaufseher Wildberger	Aurich	3
90	Schwarza	Oberförster Pfannstiel	Erfurt	450
91	Sonnenberg	Hilfsjäger Vieritz	Hildesheim	770
92	Stöckerhof	Förster Melchior	Cöln	320
93	Torgelow	Oberförster Behrendt	Stettin	10
94	Tornau	Forstmeister v. Wangelin	Merseburg	120
95	Ulfshuus	Forstaufseher Schulze	Schleswig	30
96	Ullersdorf bei Liebau	Oberförster Klüber	Liegnitz	700
97	Viennenberg	Förster Butter	Münster	55
98	Wardböhmen	Oberförster Weydanz	Lüneburg	120
99	Wolfgang bei Hanau	Forstmeister Fenner	Cassel	120
100	Woltersdorf	„ Albert	Potsdam	60
101	Wünnenberg	Forstaufs. Wackermann	Minden	300
102	Zerrin b. Bütow	Förster Riemer	Cöslin	220

6. F. V. A. Thüringen.

Ord.-No.	Station	Beobachter	Staat	Ungefähre Meereshöhe des Beobachtungsgebietes m
1	Arnstadt	Forstinspektor Günzel	Schwarzburg-Sondershausen	320
2	Bebra b. Sondershausen	Revierförster Eiche	„	260
3	Ebersdorf	„ Edel	Reuss j. L.	520
4	Eisenach	Forstassistent Axthelm	Sachs.-Weimar	300
5	Erbenhausen	Oberförster Böttner	„	620
6	Ernsel	„ Hempel	Reuss j. L.	230
7	Ernstthal	Oberförster Schmidt ·	Sachs.-Meining.	490
8	Frauensee	„ Stichling	Sachs.-Weimar	340
9	Gera	„ Eck	Reuss j. L.	250
10	Hasenthal	„ Götz	Sachs.-Meining.	735
11	Heinrichsruh bei Schleiz	Forstassessor Jahn	Reuss j. L.	510
12	Heldburg	Oberförster Greiner	Sachs.-Meining.	340
13	Heyda	„ Feuchter	Sachs.-Weimar	445
14	Judenbach	„ Rommel	Sachs.-Meining.	720
15	Lehmannsbrück	Revierförster Herre	Schwarzburg-Sondershausen	440
16	Neustadt a. R.	Forstassessor Menzel Forstwart Schmidt	Sachs.-Meining.	750
17	Oberspier	Oberförster Spannaus	Schwarzburg-Sondershausen	350
18	Pöllwitz	Forstassessor Seifarth	Reuss j. L.	435
19	Rathsfeld	Revierförster Reisland	Schwarzburg-Rudolstadt	380
20	Rodacherbrunn	Forstassessor Edel	Reuss j. L.	682
21	Saalburg	Forstreferendar Eck Oberförster Oberländer	„	340
22	Seega	„ Grosser	Schwarzburg-Rudolstadt	250
23	Tautenburg	„ Mihm	Sachs.-Weimar	250
24	Weimar	Forstassistent Wenzel	„	210
25	Weissenburg	Forstwart Pfeiffer	Sachs.-Meining.	210
26	Wilhelmsthal	Oberförster Hecht	Sachs.-Weimar	470
27	Wurzbach	„ Wachter	Reuss j. L.	565

7. F. V. A. Württemberg.

Ord. No.	Station	Beobachter		Kreis	Ungefähre Meereshöhe des Beobachtungs- gebietes m
1	Hohenheim	Oberförster	Romberg	Neckarkreis	460
2	Langenau	„	Bürger	Donaukreis	500
3	Winnenden	„	Weysser	Neckarkreis	290

II. Pflanzen-Beobachtungen.

Erklärung der Abkürzungen:

e. B.	=	Erste Blüthe.
B. O. s.	=	Blatt-Oberfläche sichtbar.
a. Bel.	=	Allgemeine Belaubung.
Bu. gr.	=	Buchwald grün.
Ei. gr.	=	Eichwald grün.
Beg. d. Sch.	=	Beginn des Schälens.
e. F.	=	Erste Frucht.
Anf. d. E.	=	Anfang der Ernte.
a. L. V.	=	Allgemeine Laub-Verfärbung.

Pflanzen.

mittl. Eintritt der Entwickl.-Phasen für Giessen.	Der Pflanzen		Eintritt der Entwickl.-Phasen im Jahre 1894 an den Stationen:							
	Namen.	Art der Entwickl.-Phase.	Ahrweiler P.	Altenau P.	Alt-Hammer P.	Alt-Morschen P.	Alzey H.	Annarode P.	Arnstadt Th.	Aurich P.
11.2	Coryl. avell.	e. B.	5.2	28.2	6.3	30.1	—	10.2	10.2	9.2
15.3	Alnus glut.	e. B.	3.3	20.3	6.3	—	—	—	1.3	18.3
6.4	Larix europ.	e. B.	30.3	15.4	28.3	31.3	—	31.3	4.4	24.3
10.4	Aesculus hipp.	B. O. s.	5.4	22.4	15.4	2.4	5.4	13.4	6.4	11.4
12.4	Ribes gross.	e. B.	4.4	18.4	12.4	6.4	4.4	14.4	6.4	14.4
13.4	Acer plat.	e. B.	3.4	15.4	15.4	8.4	6.4	14.4	8.4	20.4
14.4	Ribes rub.	e. B.	7.4	22.4	17.4	8.4	6.4	14.4	8.4	18.4
14.4	Tilia grand.	B. O. s.	9.4	—	25.4	—	10.4	17.4	8.4	20.4
17.4	Larix europ.	B. O. s.	3.4	18.4	8.4	2.4	2.4	5.4	6.4	10.4
17.4	Betula alba	e. B.	3.4	4.5	14.4	—	—	16.4	14.4	13.4
18.4	Prunus avium	e. B.	8.4	—	17.4	12.4	12.4	16.4	15.4	10.4
18.4	Betula alba	B. O. s.	3.4	4.5	16.4	10.4	9.4	16.4	15.4	12.4
19.4	Prunus spin.	e. B.	2.4	—	19.4	8.4	6.4	21.4	16.4	19.4
19-21.4	Carpinus bet.	B.O.s.-e.B.	12.4	—	18.4	—	4.4	16.4	12.4	9.4
20.4	Aesculus hipp.	a. Bel.	10.4	4.5	24.4	18.4	12.4	22.4	12.4	17.4
—	Betula pub.	B. O. s.	—	4.5	—	—	—	—	14.4	—
—	Betula pub.	e. B.	—	4.5	—	—	—	—	14.4	—
21.4	Fraxinus exc.	e. B.	7.4	2.5	19.4	20.4	—	—	18.4	25.4
23.4	Prunus pad.	e. B.	15.4	—	23.4	16.4	—	—	20.4	—
23.4	Pyrus comm.	e. B.	12.4	—	19.4	16.4	6.4	24.4	20.4	17.4
24.4	Fagus sylv.	B. O. s.	9.4	4.5	28.4	10.4	14.4	16.4	20.4	4.4
28.4	Pyrus mal.	e. B.	15.4	9.5	20.4	20.4	13.4	25.4	23.4	11.4
1.5	Vitis vinif.	B. O. s.	16.4	—	1.5	20.4	18.4	30.4	23.4	5.5
1.5	Quercus ped.	B. O. s.	27.4	—	28.4	20.4	23.4	25.4	25.4	27.4
—	Quercus sess.	B. O. s.	27.4	—	—	20.4	—	25.4	25.4	27.4
2.5	Acer pseud.	e. B.	20.4	—	2.5	30.4	25.4	27.4	24.4	25.4
3.5	Fagus sylv.	Bu. gr.	16.4	9.5	3.5	20.4	21.4	27.4	26.4	27.4
3.5	Abies pect.	B. O. s.	22.4	—	6.5	3.5	—	8.5	2.5	3.5
4.5	Syringa vulg.	e. B.	20.4	—	3.5	25.4	14.4	7.5	25.4	21.4
5.5	Abies excel.	B. O. s.	9.5	10.5	5.5	20.4	22.4	2.5	25.4	27.4
—	Quercus ped.	Beg.d.Sch.	—	—	—	—	25.4	26.4	30.4	—
—	Quercus sess.	Beg.d.Sch.	—	—	—	—	25.4	26.4	6.5	—
6.5	Aesculus hipp.	e. B.	18.4	—	3.5	13.4	23.4	10.5	29.4	26.4
9.5	Crataegus ox.	e. B.	19.4	—	12.5	13.4	28.4	10.5	30.4	26.4
12.5	Quercus ped.	e. B.	3.5	—	2.5	8.5	30.4	7.5	6.5	8.5
—	Quercus sess.	e. B.	27.4	—	—	8.5	—	7.5	6.5	—
12.5	Spartium scop.	e. B.	24.4	—	12.5	3.5	1.5	—	12.5	14.5
14.5	Quercus ped.	Ei. gr.	28.4	—	18.5	13.5	30.4	13.5	12.5	15.5

Pflanzen.

mittl. Eintritt der Entwickl.-Phasen für Giessen.	Der Pflanzen Namen.	Art der Entwickl.-Phase.	Ahrweiler P.	Altenau P.	Alt-Hammer P.	Alt-Morschen P.	Alzey H.	Annarode P.	Arnstadt Th.	Aurich P.
—	Quercus sess.	Ei. gr.	28.4	—	—	13.5	—	13.5	12.5	—
15.5	Cytisus lab.	e. B.	29.4	—	21.5	10.5	30.4	12.5	12.5	9.5
16.5	Sorbus aucup.	e. B.	3.5	—	10.5	—	—	12.5	14.5	14.5
17.5	Pinus sylv.	e. B.	10.5	—	14.5	8.5	—	—	14.5	20.5
28.5	Sambucus nig.	e. B.	21.5	—	20.5	25.5	19.5	27.5	28.5	22.5
28.5	Secale cer. hib.	e. B.	16.5	—	16.5	23.5	19.5	27.5	28.5	29.5
31.5	Pinus sylv.	B. O. s.	24.4	—	—	3.5	—	—	18.5	18.5
31.5	Rubus id.	e. B.	25.5	—	24.5	25.5	18.5	20.5	1.6	8.6
2.6	Robinia pseud.	e. B.	23.5	—	4.6	28.5	20.5	—	29.5	5.6
14.6	Vitis vinif.	e. B.	18.6	—	20.6	—	—	—	16.6	23.6
14.6	Tritic.vulg.hib.	e. B.	9.6	—	30.6	—	—	18.6	16.6	21.6
19.6	Ligustrum vulg.	e. B.	16.6	—	25.6	—	11.6	—	20.6	30.6
20.6	Ribes rub.	e. F.	17.6	—	14.6	—	19.6	27.6	20.6	24.6
22.6	Tilia grand.	e. B.	15.6	—	2.6	—	14.6	27.6	20.6	25.6
28.6	Tilia parv.	e. B.	20.6	—	7.6	—	15.6	4.7	24.6	1.7
29.6	Avena sat.	e. E.	27.6	—	6.6	—	—	27.6	28.6	2.7
3.7	Rubus id.	e. F.	7.7	—	3.7	—	24.6	5.7	3.7	9.7
6.7	Prunus pad.	e. F.	2.7	—	1.7	—	—	—	3.7	—
19.7	Secale cer. hib.	Anf. d. E.	9.7	—	11.7	16.7	—	23.7	23.7	14.7
31.7	Sorbus aucup.	e. F.	24.7	—	15.8	—	—	10.8	1.8	7.8
2.8	Sambucus nig.	e. F.	9.8	—	28.8	14.8	—	23.8	12.8	19.8
4.8	Tritic.vulg.hib.	Anf. d. E.	1.8	—	31.7	—	—	11.8	6.8	—
9.8	Avena sat.	Anf. d. E.	7.8	—	26.7	6.8	—	12.8	17.8	18.8
10.9	Ligustrum vulg.	e. F.	12.9	—	18.9	—	—	—	6.9	16.9
17.9	Aesculus hipp.	e. F.	20.9	—	19.9	—	—	—	15.9	12.9
20.9	Quercus ped.	e. F.	18.10	—	25.9	21.9	—	25.9	18.9	15.9
—	Quercus sess.	e. F.	26.10	—	—	11.9	—	25.9	18.9	15.9
28.9	Sorbus aucup.	a. L. V.	16.9	—	15.9	—	—	18.9	12.9	15.9
10.10	Aesculus hipp.	a. L. V.	8.10	—	8.10	—	—	—	28.9	18.10
13.10	Betula alba	a. L. V.	7.10	—	11.10	—	—	10.10	12.10	10.10
—	Betula pub.	a. L. V.	—	—	—	—	—	—	12.10	—
14.10	Fagus sylv.	a. L. V.	9.10	—	11.10	—	—	12.10	12.10	21.10
19.10	Quercus ped.	a. L. V.	12.10	—	10.10	—	—	12.10	18.10	27.10
—	Quercus sess.	a. L. V.	14.10	—	—	—	—	18.10	18.10	—
21.10	Larix europ.	a. L. V.	8.10	—	10.10	—	—	10.10	12.10	16.10
Durchschnittliche Eintrittszeit der Phänomene für { Frühjahr ..			+2	−17	−8	−2	+1	−10	−6	−5
Sommer ...			−3	—	−5	−10	—	—	−17	−8
Herbst ...			−1	—	−3	—	—	—	−7	−8

Pflanzen.

mittl. Eintritt der Entwickl.-Phasen für Giessen.	Der Pflanzen		Eintritt der Entwickl.-Phasen im Jahre 1894 an den Stationen:							
	Namen.	Art der Entwickl.-Phase.	Baden-Baden B.	Banzenheim E.	Bebra Th.	Beerfelden H.	Beurig P.	Biedenkopf P.	Biederitz P.	Bingenheim H.
11.2	Coryl. avell.	e. B.	8.2	14.2	5.3	18.2	12.2	17.2	22.2	5.3
15.3	Alnus glut.	e. B.	10.3	—	20.3	19.3	8.2	21.3	26.2	10.3
6.4	Larix europ.	e. B.	18.3	—	27.3	30.3	30.3	3.4	5.4	30.3
10.4	Aesculus hipp.	B. O. s.	2.4	—	4.4	9.4	4.4	6.4	7.5	3.4
12.4	Ribes gross.	e. B.	3.4	8.4	5.4	7.4	3.5	5.4	8.4	31.3
13.4	Acer plat.	e. B.	28.3	—	10.4	12.4	1.4	6.4	8.4	4.4
14.4	Ribes rub.	e. B.	5.4	13.4	10.4	9.4	5.4	5.4	8.4	5.4
14.4	Tilia grand.	B. O. s.	6.4	—	15.4	10.4	—	—	15.4	16.4
17.4	Larix europ.	B. O. s.	30.3	—	30.3	7.4	3.4	5.4	7.4	4.4
17.4	Betula alba	e. B.	6.4	—	10.4	8.4	—	12.4	12.4	3.4
18.4	Prunus avium	e. B.	1.4	6.4	15.4	12.4	7.4	12.4	11.4	9.4
18.4	Betula alba	B. O. s.	6.4	—	12.4	11.4	3.4	7.4	11.4	6.4
19.4	Prunus spin.	e. B.	2.4	5.4	12.4	12.4	4.4	11.4	11.4	6.4
19-21.4	Carpinus bet.	B.O.s.-e.B.	10.4	19.4	15.4	12.4	30.4	14.4	15.4	3.4
20.4	Aesculus hipp.	a. Bel.	12.4	—	18.4	18.4	10.4	14.4	18.4	6.4
—	Betula pub.	B. O. s.	—	—	—	9.4	3.4	—	11.4	—
—	Betula pub.	e. B.	—	—	—	8.4	—	—	12.4	—
21.4	Fraxinus exc.	e. B.	6.4	—	2.5	18.4	5.4	8.4	11.4	7.4
23.4	Prunus pad.	e. B.	7.4	—	24.4	11.4	—	—	14.4	12.4
23.4	Pyrus comm.	e. B.	7.4	11.4	19.4	16.4	6.4	14.4	14.4	8.4
24.4	Fagus sylv.	B. O. s.	7.4	—	9.4	18.4	4.4	7.4	17.4	8.4
28.4	Pyrus mal.	e. B.	10.4	15.4	23.4	20.4	12.4	20.4	17.4	11.4
1.5	Vitis vinif.	B. O. s.	8.4	—	27.4	23.4	14.4	—	17.4	10.4
1.5	Quercus ped.	B. O. s.	9.4	3.5	24.4	25.4	9.4	19.4	17.4	14.4
—	Quercus sess.	B. O. s.	9.4	5.5	28.4	25.4	9.4	19.4	—	—
2.5	Acer pseud.	e. B.	11.4	—	24.4	24.4	14.4	1.5	17.4	20.4
3.5	Fagus sylv.	Bu. gr.	15.4	—	30.4	28.4	—	16.4	—	16.4
3.5	Abies pect.	B. O. s.	23.4	—	10.5	2.5	18.4	—	26.4	20.4
4.5	Syringa vulg.	e. B.	11.4	1.5	—	26.4	14.4	24.4	20.4	16.4
5.5	Abies excel.	B. O. s.	15.4	26.4	30.4	27.4	14.4	29.4	24.4	15.4
—	Quercus ped.	Beg.d.Sch.	—	—	28.4	28.4	15.4	16.5	—	—
—	Quercus sess.	Beg.d.Sch.	—	—	2.5	28.4	15.4	16.5	—	—
6.5	Aesculus hipp.	e. B.	17.4	—	30.4	1.5	21.4	28.4	23.4	12.4
9.5	Crataegus ox.	e. B.	20.4	2.5	13.5	4.5	23.4	30.4	23.4	25.4
12.5	Quercus ped.	e. B.	20.4	14.5	5.5	6.5	20.4	5.5	26.4	5.5
—	Quercus sess.	e. B.	20.4	17.5	12.5	6.5	17.4	5.5	26.4	—
12.5	Spartium scop.	e. B.	12.4	—	—	12.5	18.4	4.5	29.4	—
14.5	Quercus ped.	Ei. gr.	26.4	12.5	15.5	7.5	20.4	7.5	30.4	26.4

Pflanzen.

mittl. Eintritt der Entwickl.-Phasen für Giessen.	Namen.	Art der Entwickl.-Phase.	Eintritt der Entwickl.-Phasen im Jahre 1894 an den Stationen:							
			Baden-Baden B.	Banzenheim E.	Bebra Th.	Beerfelden H.	Beurig P.	Biedenkopf P.	Biederitz P.	Bingenheim H.
—	Quercus sess.	Ei. gr.	26.4	14.5	21.5	7.5	20.4	7.5	—	—
15.5	Cytisus lab.	e. B.	15.4	—	14.5	—	23.4	—	29.4	26.4
16.5	Sorbus aucup.	e. B.	19.4	10.5	15.5	1.5	23.4	14.5	8.5	—
17.5	Pinus sylv.	e. B.	1.5	12.5	20.5	12.5	22.4	12.5	—	8.5
28.5	Sambucus nig.	e. B.	19.4	16.5	2.6	1.6	16.5	1.6	25.5	18.5
28.5	Secale cer. hib.	e. B.	16.4	16.5	1.6	30.5	27.5	28.5	18.5	17.5
31.5	Pinus sylv.	B. O. s.	25.4	4.5	14.5	7.5	24.4	—	29.4	6.5
31.5	Rubus id.	e. B.	12.4	20.5	5.6	1.6	26.5	—	15.5	15.5
2.6	Robinia pseud.	e. B.	17.4	—	3.6	29.5	23.5	9.6	25.5	19.5
14.6	Vitis vinif.	e. B.	23.5	—	20.6	2.7	5.6	—	10.6	1.6
14.6	Tritic.vulg.hib.	e. B.	16.6	11.5	19.6	2.6	16.6	23.6	16.6	10.6
19.6	Ligustrum vulg.	e. B.	—	13.6	—	—	17.6	—	19.6	17.6
20.6	Ribes rub.	e. F.	20.6	15.6	21.6	1.7	15.6	20.6	16.6	17.6
22.6	Tilia grand.	e. B.	10.6	—	28.6	2.7	20.6	—	19.6	27.6
28.6	Tilia parv.	e. B.	15.6	25.6	6.7	6.7	25.6	—	21.6	4.7
29.6	Avena sat.	e. B.	26.6	27.6	8.7	9.7	28.6	12.7	21.6	22.7
3.7	Rubus id.	e. F.	2.7	2.7	9.7	12.7	25.6	—	25.6	20.6
6.7	Prunus pad.	e. F.	1.7	—	12.7	12.7	—	—	21.6	—
19.7	Secale cer. hib.	Anf. d. E.	15.7	16.7	22.7	30.7	18.7	23.7	10.7	12.7
31.7	Sorbus aucup.	e. F.	30.7	28.7	1.8	6.8	26.7	4.8	10.7	—
2.8	Sambucus nig.	e. F.	16.8	6.8	24.8	10.8	20.8	12.9	26.7	13.8
4.8	Tritic.vulg.hib.	Anf. d. E.	28.7	6.8	8.8	6.8	4.8	6.8	26.7	27.7
9.8	Avena sat.	Anf. d. E.	14.8	14.8	24.8	4.8	1.8	11.8	24.7	24.7
10.9	Ligustrum vulg.	e. F.	—	15.8	—	—	8.8	—	24.7	10.9
17.9	Aesculus hipp.	e. F.	16.9	—	25.9	22.9	16.9	—	17.9	18.9
20.9	Quercus ped.	e. F.	19.9	—	28.9	26.9	1.10	—	—	16.9
—	Quercus sess	e. F.	19.9	—	—	26.9	24.9	—	—	—
28.9	Sorbus aucup.	a. L. V.	18.9	25.9	20.9	16.9	16.9	2.10	13.9	—
10.10	Aesculus hipp.	a. L. V.	6.10	—	12.9	4.9	—	12.10	10.10	7.10
13.10	Betula alba	a. L. V.	19.10	—	15.10	6.9	7.10	8.10	10.10	11.10
—	Betula pub.	a. L. V.	—	—	—	6.9	7.10	—	10.10	—
14.10	Fagus sylv.	a. L. V.	16.10	—	10.10	8.9	7.10	3.10	15.10	27.9
19.10	Quercus ped.	a. L. V.	21.10	15.10	12.10	10.9	12.10	14.10	15.10	23.10
—	Quercus sess.	a. L. V.	21.10	17.10	18.10	10.9	12.10	14.10	15.10	—
21.10	Larix europ.	a. L. V.	28.10	—	20.9	30.10	7.10	12.10	10.10	10.10
Durchschnittliche	Frühjahr ..		+5	−½	−6	−2	+3	−4	−3	+4
Eintrittszeit der	Sommer ...		−9	−10	−16	−24	−12	−17	−4	−6
Phänomene für	Herbst ...		−14	—	+2	+16	±0	±0	−4	+1

Pflanzen.

mittl. Eintritt der Entwickl.-Phasen für Giessen.	Der Pflanzen		Eintritt der Entwickl.-Phasen im Jahre 1894 an den Stationen:							
	Namen.	Art der Entwickl.-Phase.	St. Blasien B.	Blofeld H.	Braetz P.	Braunlage Br.	Brödlauken P.	Büdingen H.	Cappe P.	Carlsberg P.
11. 2	Coryl. avell.	e. B.	11. 3	3. 2	15. 2	28. 2	2. 3	8. 2	10. 2	14. 3
15. 3	Alnus glut.	e. B.	—	7. 3	18. 3	18. 3	8. 3	—	5. 3	7. 4
6. 4	Larix europ.	e. B.	—	29. 3	6. 4	12. 4	13. 4	20. 3	10. 4	3. 5
10. 4	Aesculus hipp.	B. O. s.	28. 4	12. 4	13. 4	—	16. 4	4. 4	11. 4	7. 5
12. 4	Ribes gross.	e. B.	26. 4	4. 4	13. 4	18. 4	15. 4	—	13. 4	2. 5
13. 4	Acer plat.	e. B.	—	17. 4	13. 4	—	17. 4	—	13. 4	29. 4
14. 4	Ribes rub.	e. B.	27. 4	1. 4	13. 4	20. 4	18. 4	6. 4	16. 4	3. 5
14. 4	Tilia grand.	B. O. s.	—	10. 4	15. 4	—	18. 4	—	17. 4	8. 5
17. 4	Larix europ.	B. O. s.	11. 4	5. 4	12. 4	14. 4	15. 4	1. 4	12. 4	6. 5
17. 4	Betula alba	e. B.	—	8. 4	19. 4	—	—	3. 4	14. 4	8. 5
18. 4	Prunus avium	e. B.	27. 4	13. 4	19. 4	—	26. 4	5. 4	17. 4	10. 5
18. 4	Betula alba	B. O. s.	—	15. 4	19. 4	—	—	4. 4	14. 4	6. 5
19. 4	Prunus spin.	e. B.	—	3. 4	21. 4	—	1. 5	5. 4	19. 4	—
19-21.4	Carpinus bet.	B.O.s.-e.B.	—	28. 3	14. 4	25. 4	19. 4	9. 4	17. 4	—
20. 4	Aesculus hipp.	a. Bel.	5. 5	—	16. 4	—	27. 4	8. 4	20. 4	15. 5
—	Betula pub.	B. O. s.	—	11. 4	14. 4	—	19. 4	—	16. 4	—
—	Betula pub.	e. B.	—	—	18. 4	—	18. 4	—	16. 4	—
21. 4	Fraxinus exc.	e. B.	—	3. 4	17. 4	—	29. 4	8. 4	14. 4	10. 5
23. 4	Prunus pad.	e. B.	—	17. 4	18. 4	—	26. 4	—	16. 4	12. 5
23. 4	Pyrus comm.	e. B.	—	20. 4	18. 4	—	2. 5	6. 4	16. 4	—
24. 4	Fagus sylv.	B. O. s.	22. 4	18. 4	22. 4	8. 5	6. 5	4. 4	24. 4	1. 5
28. 4	Pyrus mal.	e. B.	—	10. 4	24. 4	—	6. 5	9. 4	26. 4	—
1. 5	Vitis vinif.	B. O. s.	—	20. 4	27. 4	—	—	15. 4	1. 5	—
1. 5	Quercus ped.	B. O. s.	—	27. 4	29. 4	—	6. 5	15. 4	29. 4	—
—	Quercus sess.	B. O. s.	—	12. 5	29. 4	—	15. 5	15. 4	29. 4	—
2. 5	Acer pseud.	e. B.	—	—	29. 4	—	21. 5	—	—	13. 5
3. 5	Fagus sylv.	Bu. gr.	—	25. 4	4. 5	14. 5	—	10. 4	4. 5	17. 5
3. 5	Abies pect.	B. O. s.	—	8. 5	7. 5	—	9. 5	—	10. 5	22. 5
4. 5	Syringa vulg.	e. B.	26. 5	12. 5	2. 5	—	10. 5	—	1. 5	31. 5
5. 5	Abies excel.	B. O. s.	—	2. 5	1. 5	—	10. 5	18. 4	30. 4	21. 5
—	Quercus ped.	Beg.d.Sch.	—	—	—	—	—	—	5. 5	—
—	Quercus sess.	Beg.d.Sch.	—	—	—	—	—	—	5. 5	—
6. 5	Aesculus hipp.	e. B.	19. 5	5. 5	6. 5	—	10. 5	22. 4	5. 5	1. 6
9. 5	Crataegus ox.	e. B.	—	4. 5	7. 5	—	15. 5	25. 4	7. 5	—
12. 5	Quercus ped.	e. B.	—	17. 5	11. 5	—	5. 5	18. 4	11. 5	—
—	Quercus sess.	e. B.	—	17. 5	12. 5	—	10. 5	—	11. 5	—
12. 5	Spartium scop.	e. B.	—	—	12. 5	—	—	10. 4	15. 5	—
14. 5	Quercus ped.	Ei. gr.	—	8. 5	15. 5	—	15. 5	21. 4	15. 5	—

Pflanzen.

mittl. Eintritt der Entwickl.-Phasen für Giessen.	Der Pflanzen Namen.	Art der Entwickl.-Phase.	St. Blasien B.	Blofeld H.	Braetz P.	Braunlage Br.	Brödlauken P.	Büdingen H.	Cappe P.	Carlsberg P.
—	Quercus sess.	Ei. gr.	—	—	14. 5	—	18. 5	21. 4	15. 5	—
15. 5	Cytisus lab.	e. B.	—	—	14. 5	—	—	10. 4	15. 5	—
16. 5	Sorbus aucup.	e. B.	1. 6	13. 5	16. 5	27. 5	13. 5	—	14. 5	2. 6
17. 5	Pinus sylv.	e. B.	—	13. 5	16. 5	—	—	21. 4	15. 5	—
28. 5	Sambucus nig.	e. B.	—	22. 5	26. 5	—	20. 5	14. 5	26. 5	—
28. 5	Secale cer. hib.	e. B.	—	30. 5	26. 5	—	30. 8	12. 5	22. 5	20. 6
31. 5	Pinus sylv.	B. O. s.	—	21. 5	12. 5	—	10. 5	20. 4	18. 5	—
31. 5	Rubus id.	e. B.	24. 6	28. 5	1. 6	11. 6	18. 5	18. 5	4. 6	25. 6
2. 6	Robinia pseud.	e. B.	—	28. 5	1. 6	—	—	15. 5	1. 5	—
14. 6	Vitis vinif.	e. B.	—	11. 6	11. 6	—	—	30. 5	17. 6	—
14. 6	Tritic. vulg. hib.	e. B.	—	13. 6	11. 6	—	22. 6	29. 5	—	—
19. 6	Ligustrum vulg.	e. B.	—	3. 6	19. 6	—	3. 7	—	21. 6	20. 7
20. 6	Ribes rub.	e. F.	12. 7	3. 6	19. 6	—	1. 7	9. 6	24. 6	—
22. 6	Tilia grand.	e. B.	—	5. 6	19. 6	—	—	—	23. 6	20. 7
28. 6	Tilia parv.	e. B.	—	10. 6	25. 6	—	7. 7	—	28. 6	1. 8
29. 6	Avena sat.	e. B.	—	21. 7	28. 6	—	1. 7	15. 6	6. 7	—
3. 7	Rubus id.	e. F.	28. 7	28. 6	1. 7	—	8. 7	17. 6	6. 7	8. 8
6. 7	Prunus pad.	e. F.	—	7. 7	2. 7	—	7. 7	—	4. 7	—
19. 7	Secale cer. hib.	Anf. d. E.	—	1. 8	16. 7	—	18. 7	10. 7	16. 7	20. 8
31. 7	Sorbus aucup.	e. F.	—	22. 7	30. 7	—	1. 8	—	10. 7	6. 9
2. 8	Sambucus nig.	e. F.	—	7. 8	14. 8	—	1. 8	—	6. 8	—
4. 8	Tritic. vulg. hib.	Anf. d. E.	—	8. 8	1. 8	—	25. 7	19. 7	—	—
9. 8	Avena sat.	Anf. d. E.	12. 9	13. 8	8. 8	—	25. 7	25. 7	6. 8	29. 8
10. 9	Ligustrum vulg.	e. F.	—	—	11. 9	—	25. 8	—	9. 9	—
17. 9	Aesculus hipp.	e. F.	—	17. 9	19. 9	—	25. 9	30. 8	18. 9	28. 9
20. 9	Quercus ped.	e. F.	—	3. 9	22. 9	—	1. 10	28. 8	25. 9	—
—	Quercus sess.	e. F.	—	3. 9	22. 9	—	—	28. 8	25. 9	—
28. 9	Sorbus aucup.	a. L. V.	—	18. 9	15. 9	—	15. 9	—	12. 9	20. 9
10. 10	Aesculus hipp.	a. L. V.	13. 10	10. 10	10. 10	—	10. 10	28. 9	10. 9	20. 9
13. 10	Betula alba	a. L. V.	—	10. 10	5. 10	—	—	25. 9	10. 10	21. 9
—	Betula pub.	a. L. V.	—	5. 10	5. 10	—	5. 10	—	10. 10	—
14. 10	Fagus sylv.	a. L. V.	—	10. 10	5. 10	—	10. 10	21. 9	13. 10	21. 9
19. 10	Quercus ped.	a. L. V.	—	11. 10	5. 10	—	15. 10	28. 9	14. 10	—
—	Quercus sess.	a. L. V.	—	11. 10	5. 10	—	15. 10	28. 9	14. 10	—
21. 10	Larix europ.	a. L. V.	20. 10	14. 10	10. 10	—	19. 10	28. 9	14. 9	12. 10
Durchschnittliche Eintrittszeit der Phänomene für { Frühjahr ..			— 23	+ 13	— 10	— 18	— 17	+ 5	— 10	— 30
Sommer ...			—	— 26	— 10	—	— 12	— 4	— 10	— 45
Herbst ...			— 15	— 4	+ 1	—	— 6	+ 13	+ 5	+ 9

Pflanzen.

mittl. Eintritt der Entwickl.-Phasen für Giessen.	Namen.	Art der Entwickl.-Phase.	Château-Salins E.	Claushagen P.	Clötze P.	Dambach E.	Daumen E.	Diebolsheim E.	Dietzhausen P.	Diez a. L. P.
11. 2	Coryl. avell.	e. B.	8. 2	8. 3	14. 2	15. 2	20. 2	7. 2	17. 3	8. 2
15. 3	Alnus glut.	e. B.	—	13. 4	10. 3	5. 3	12. 3	10. 3	17. 3	—
6. 4	Larix europ.	e. B.	—	16. 4	3. 4	31. 3	26. 3	—	11. 4	25. 3
10. 4	Aesculus hipp.	B. O. s.	—	8. 4	11. 4	5. 4	2. 4	8. 4	14. 4	5. 4
12. 4	Ribes gross.	e. B.	29. 3	18. 4	8. 4	5. 4	3. 4	—	11. 4	5. 4
13. 4	Acer plat.	e. B.	30. 3	—	—	—	—	—	11. 4	4. 4
14. 4	Ribes rub.	e. B.	5. 4	5. 4	8. 4	6. 4	6. 4	—	11. 4	8. 4
14. 4	Tilia grand.	B. O. s.	15. 4	20. 4	17. 4	6. 4	8. 4	—	—	9. 4
17. 4	Larix europ.	B. O. s.	—	16. 4	10. 4	2. 4	30. 3	—	14. 4	29. 3
17. 4	Betula alba	e. B.	—	—	10. 4	6. 4	4. 4	15. 4	14. 4	7. 4
18. 4	Prunus avium	e. B.	7. 4	16. 4	11. 4	6. 4	4. 4	6. 4	13. 4	7. 4
18. 4	Betula alba	B. O. s.	—	12. 4	10. 4	7. 4	4. 4	13. 4	14. 4	3. 4
19. 4	Prunus spin.	e. B.	6. 4	—	10. 4	4. 4	1. 4	5. 4	16. 4	8. 4
19-21.4	Carpinus bet.	B.O.s.-e.B.	12. 4	2. 5	11. 4	—	8. 4	10. 4	16. 4	11. 4
20. 4	Aesculus hipp.	a. Bel.	—	5. 5	17. 4	9. 4	9. 4	12. 4	—	12. 4
—	Betula pub.	B. O. s.	—	10. 4	—	6. 4	—	—	—	—
—	Betula pub.	e. B.	—	6. 4	—	6. 4	—	—	—	—
21. 4	Fraxinus exc.	e. B.	11. 4	18. 4	23. 4	—	—	20. 4	20. 4	—
23. 4	Prunus pad.	e. B.	—	—	—	—	8. 4	—	18. 4	—
23. 4	Pyrus comm.	e. B.	12. 4	24. 4	14. 4	8. 4	9. 4	—	19. 4	8. 4
24. 4	Fagus sylv.	B. O. s.	12. 4	2. 5	17. 4	8. 4	11. 4	—	15. 4	13. 4
28. 4	Pyrus mal.	e. B.	16. 4	30. 4	20. 4	11. 4	10. 4	12. 4	23. 4	12. 4
1. 5	Vitis vinif.	B. O. s.	14. 4	—	23. 4	8. 4	15. 4	16. 4	—	25. 4
1. 5	Quercus ped.	B. O. s.	18. 4	12. 5	25. 4	10. 4	15. 4	12. 4	25. 4	20. 4
—	Quercus sess.	B. O. s.	18. 4	—	25. 4	10. 4	15. 4	20. 4	25. 4	25. 4
2. 5	Acer pseud.	e. B.	19. 4	—	4. 5	—	18. 4	—	27. 4	25. 4
3. 5	Fagus sylv.	Bu. gr.	21. 4	6. 5	1. 5	12. 4	18. 4	—	22. 4	23. 4
3. 5	Abies pect.	B. O. s.	—	10. 5	7. 5	18. 4	22. 4	—	10. 5	12. 4
4. 5	Syringa vulg.	e. B.	17. 4	12. 5	25. 4	11. 4	18. 4	—	7. 5	23. 4
5. 5	Abies excel.	B. O. s.	—	7. 5	30. 4	12. 4	16. 4	—	7. 5	23. 4
—	Quercus ped.	Beg.d.Sch.	—	—	—	12. 4	—	15. 4	—	—
—	Quercus sess.	Beg.d.Sch.	—	—	—	12. 4	—	20. 4	—	—
6. 5	Aesculus hipp.	e. B.	—	6. 5	30. 4	17. 4	17. 4	20. 4	13. 5	25. 4
9. 5	Crataegus ox.	e. B.	25. 4	—	7. 5	8. 4	19. 4	2. 5	2. 5	25. 4
12. 5	Quercus ped.	e. B.	24. 4	—	10. 5	22. 4	25. 4	1. 5	13. 5	25. 4
—	Quercus sess.	e. B.	25. 4	—	10. 5	22. 4	—	11. 5	13. 5	25. 4
12. 5	Spartium scop.	e. B.	29. 4	—	—	25. 4	18. 4	—	—	25. 4
14. 5	Quercus ped.	Ei. gr.	27. 4	—	16. 5	27. 4	20. 4	6. 5	19. 5	2. 5

Pflanzen.

| mittl. Eintritt der Entwickl.-Phasen für Giessen. | Der Pflanzen | | Eintritt der Entwickl.-Phasen im Jahre 1894 an den Stationen: | | | | | | | |
	Namen.	Art der Entwickl.-Phase.	Château-Salins E.	Claushagen P.	Clötze P.	Dambach E.	Daumen E.	Diebolsheim E.	Dietzhausen P.	Dietz a. L. P.
—	Quercus sess.	Ei. gr	28.4	—	16.5	27.4	20.4	10.5	19.5	2.5
15.5	Cytisus lab.	e. B.	—	—	14.5	—	—	—	—	—
16.5	Sorbus aucup.	e. B.	—	19.5	10.5	6.5	29.4	—	14.5	4.5
17.5	Pinus sylv.	e. B.	—	20.5	14.5	28.4	30.4	—	—	6.5
28.5	Sambucus nig.	e. B.	23.5	—	30.5	12.5	20.5	—	17.5	22.5
28.5	Secale cer. hib.	e. B.	19.5	22.5	16.5	16.5	22.5	16.5	27.5	24.5
31.5	Pinus sylv.	B. O. s.	—	12.5	10.5	23.4	19.4	—	13.5	14.4
31.5	Rubus id.	e. B.	—	2.6	17.5	18.5	23.5	—	7.6	23.5
2.6	Robinia pseud.	e. B.	—	—	30.5	17.5	22.5	25.5	—	23.5
14.6	Vitis vinif.	e. B.	10.6	—	24.6	5.6	18.6	24.6	—	10.6
14.6	Tritic.vulg.hib.	e. B.	20.6	10.6	18.6	6.6	20.6	6.6	23.6	14.6
19.6	Ligustrum vulg.	e. B.	18.6	—	15.6	—	19.6	10.6	—	8.6
20.6	Ribes rub.	e. F.	16.6	20.6	22.6	15.6	16.6	—	8.7	9.6
22.6	Tilia grand.	e. B.	21.6	—	27.6	25.6	20.6	—	28.6	24.6
28.6	Tilia parv.	e. B.	25.6	—	3.7	—	24.6	—	3.7	4.7
29.6	Avena sat.	e. B.	4.7	30.6	3.7	25.6	26.6	20.6	19.7	25.7
3.7	Rubus id.	e. F.	—	5.7	23.6	29.6	28.6	—	19.7	2.7
6.7	Prunus pad.	e. F.	—	5.7	—	—	29.6	—	18.7	29.6
19.7	Secale cer. hib.	Anf. d. E.	20.7	18.7	13.7	11.7	18.7	13.7	22.7	5.7
31.7	Sorbus aucup.	e. F.	—	—	10.8	—	25.7	—	22.8	29.7
2.8	Sambucus nig.	e. F.	20.8	—	24.8	29.7	29.7	—	4.9	14.8
4.8	Tritic.vulg.hib.	Anf. d. E.	27.7	24.7	2.8	25.7	22.7	27.7	13.8	23.7
9.8	Avena sat.	Anf. d. E.	9.8	24.7	30.7	29.7	1.8	6.8	5.9	10.8
10.9	Ligustrum vulg.	e. F.	12.9	—	—	—	3.9	12.9	—	16.9
17.9	Aesculus hipp.	e. F.	—	—	10.9	11.9	2.9	25.9	2.10	28.9
20.9	Quercus ped.	e. F.	—	20.9	22.9	—	—	—	3.10	—
—	Quercus sess.	e. F.	—	—	22.9	—	—	—	3.10	—
28.9	Sorbus aucup.	a. L. V.	—	20.9	19.9	11.9	1.9	2.9	28.9	15.9
10.10	Aesculus hipp.	a. L. V.	—	12.10	6.10	9.10	4.10	5.10	2.10	2.10
13.10	Betula alba	a. L. V.	—	18.10	20.10	9.10	11.10	17.10	12.10	18.9
—	Betula pub.	a. L. V.	—	18.10	—	9.10	—	—	—	—
14.10	Fagus sylv.	a. L. V.	10.10	20.10	20.10	12.10	12.10	—	12.10	18.10
19.10	Quercus ped.	a. L. V.	14.10	24.10	25.10	14.10	19.10	25.10	12.10	27.10
—	Quercus sess.	a. L. V.	14.10	—	25.10	14.10	19.10	30.10	12.10	27.10
21.10	Larix europ.	a. L. V.	—	15.10	17.10	12.10	7.10	—	7.10	18.10
Durchschnittliche		Frühjahr ..	+2	−9	−4	+3	+4	±0	−7	+5
Eintrittszeit der		Sommer ...	−14	−12	−7	−5	−12	−7	−16	+1
Phänomene für		Herbst ...	+2	−10	−12	−5	−4	−12	−4	−1

Pflanzen.

mittl. Eintritt der Entwickl.-Phasen für Giessen.	Der Pflanzen		Eintritt der Entwickl.-Phasen im Jahre 1894 an den Stationen:							
	Namen.	Art der Entwickl.-Phase.	Dingken P.	Dippmannsdorf P.	Dorf-Erbach H.	Driedorf P.	Ebersdorf Th.	Eberswalde P.	Eichenberg P.	Eichquast P.
11. 2	Coryl. avell.	e. B.	20. 3	27. 2	2. 3	8. 2	13. 3	14. 2	15. 2	18. 2
15. 3	Alnus glut.	e. B.	22. 3	15. 3	—	20. 3	14. 3	18. 3	17. 3	23. 2
6. 4	Larix europ.	e. B.	6. 4	9. 4	—	27. 3	10. 3	14. 4	6. 4	11. 4
10. 4	Aesculus hipp.	B. O s.	13. 4	15. 4	5. 4	8. 4	—	19. 4	9. 4	15. 4
12. 4	Ribes gross.	e. B.	20. 4	24. 3	6. 4	11. 4	12. 3	14. 4	11. 4	10. 4
13. 4	Acer plat.	e. B.	23. 4	10. 4	—	11. 4	—	20. 4	15. 4	—
14. 4	Ribes rub.	e. B.	22. 4	28. 3	6. 4	11. 4	14. 3	18. 4	11. 4	16. 4
14. 4	Tilia grand.	B. O. s.	29. 4	15. 4	12. 4	10. 4	—	27. 4	12. 4	10. 5
17. 4	Larix europ.	B. O. s.	10. 4	18. 4	2. 4	31. 3	20. 3	18. 4	10. 4	14. 4
17. 4	Betula alba	e. B.	18. 4	15. 4	14. 4	8. 4	23. 5	22. 4	15. 4	12. 5
18. 4	Prunus avium	e. B.	29. 4	2. 4	26. 4	8. 4	26. 5	22. 4	16. 4	17. 4
18. 4	Betula alba	B. O. s.	18. 4	24. 4	9. 4	9. 4	23. 5	25. 4	12. 4	10. 4
19. 4	Prunus spin.	e. B.	—	6. 4	7. 4	10. 4	27. 5	22. 4	13. 4	19. 4
19-21.4	Carpinus bet.	B.O.s.-e.B.	26. 4	25. 4	15. 4	9. 4	—	22. 4	18. 4	—
20. 4	Aesculus hipp.	a. Bel.	27. 4	25. 4	13. 4	13. 4	2. 5	25. 4	10. 4	25. 4
—	Betula pub.	B. O. s.	17. 4	—	9. 4	8. 4	—	—	—	10. 4
—	Betula pub.	e. B.	18. 4	—	14. 4	8. 4	—	—	—	10. 5
21. 4	Fraxinus exc.	e. B.	25. 4	26. 4	24. 4	12. 4	—	21. 4	6. 4	6. 5
23. 4	Prunus pad.	e. B.	30. 4	14. 4	28. 4	9. 4	—	21. 4	12. 4	9. 5
23. 4	Pyrus comm.	e. B.	—	5. 4	10. 4	14. 4	1. 5	27. 4	18. 4	3. 5
24. 4	Fagus sylv.	B. O. s.	—	24. 4	22. 4	8. 4	1. 5	27. 4	20. 4	—
28. 4	Pyrus mal.	e. B.	8. 5	16. 4	14. 4	16. 4	4. 5	30. 4	30. 4	8. 5
1. 5	Vitis vinif.	B. O. s.	—	20. 4	15. 4	15. 4	6. 5	10. 5	25. 4	—
1. 5	Quercus ped.	B. O. s.	2. 5	29. 4	6. 5	20. 4	—	12. 5	3. 5	10. 5
—	Quercus sess.	B. O. s.	—	29. 4	6. 5	20. 4	—	12. 5	3. 5	1. 5
2. 5	Acer pseud.	e. B.	—	27. 4	26. 4	22. 4	—	10. 5	5. 5	—
3. 5	Fagus sylv.	Bu. gr.	—	2. 5	1. 5	11. 4	10. 5	—	9. 5	—
3. 5	Abies pect.	B. O. s.	—	—	7. 5	9. 5	—	—	7. 5	8. 5
4. 5	Syringa vulg.	e. B.	9. 5	4. 5	—	30. 4	—	—	1. 5	3. 5
5. 5	Abies excel.	B. O. s.	13. 5	—	8. 5	4. 5	20. 5	10. 5	7. 5	6. 5
—	Quercus ped.	Beg.d.Sch.	—	—	10. 5	—	—	—	—	10. 5
—	Quercus sess.	Beg.d.Sch.	—	—	10. 5	—	—	—	—	12. 5
6. 5	Aesculus hipp.	e. B.	9. 5	3. 5	5. 5	1. 5	12. 5	10. 5	4. 5	2. 5
9. 5	Crataegus ox.	e. B.	—	15. 5	10. 5	9. 5	—	14. 5	5. 5	15. 5
12. 5	Quercus ped.	e. B.	14. 5	10. 5	—	15. 5	—	16. 5	14. 5	10. 5
—	Quercus sess.	e. B.	—	12. 5	—	—	—	16. 5	15. 5	1. 5
12. 5	Spartium scop.	e. B.	—	8. 5	14. 5	10. 5	19. 5	—	—	8. 5
14. 5	Quercus ped.	Ei. gr.	20. 5	8. 5	12. 5	25. 4	—	—	20. 5	18. 5

Pflanzen.

mittl. Eintritt der Entwickl.-Phasen für Giessen.	Namen.	Art der Entwickl.-Phase.	Dingken P.	Dippmannsdorf P.	Dorf-Erbach H.	Driedorf P.	Ebersdorf Th.	Eberswalde P.	Eichenberg P.	Eichquast P.
—	Quercus sess.	Ei. gr.	—	—	12. 5	25. 4	—	—	20. 5	10. 5
15. 5	Cytisus lab.	e. B.	—	—	—	—	27. 5	—	—	20. 4
16. 5	Sorbus aucup.	e. B.	13. 5	21. 5	13. 5	17. 5	30. 5	—	14. 5	10. 5
17. 5	Pinus sylv.	e. B.	16. 5	18. 5	—	17. 5	—	23. 5	18. 5	12. 5
28. 5	Sambucus nig.	e. B.	1. 6	3. 6	24. 5	1. 6	—	26. 5	20, 5	5. 6
28. 5	Secale cer. hib.	e. B.	3. 6	18. 5	26. 5	8. 6	8. 6	23. 5	1. 6	17. 5
31. 5	Pinus sylv.	B. O. s.	12. 5	—	8. 5	17. 5	—	23. 5	10. 5	6. 6
31. 5	Rubus id.	e. B.	5. 6	—	26. 5	8. 6	8. 6	20. 6	28. 5	30. 5
2. 6	Robinia pseud.	e. B.	—	28. 5	28. 5	—	—	5. 6	5. 6	3. 6
14. 6	Vitis vinif.	e. B.	—	10. 6	2. 6	15. 6	—	—	12. 6	—
14. 6	Tritic.vulg.hib.	e. B.	17. 6	—	11. 6	—	—	20. 6	18. 6	1. 6
19. 6	Ligustrum vulg.	e. B.	—	—	—	—	—	25. 6	26. 6	∸
20. 6	Ribes rub.	e. F.	20. 6	25. 6	18. 6	30. 6	—	20. 6	28. 6	20. 6
22. 6	Tilia grand.	e. B.	—	15. 6	20. 6	28. 6	—	25. 6	—	5. 7
28. 6	Tilia parv.	e. B.	28. 6	28. 6	25. 6	—	—	30. 6	29. 6	9. 7
29. 6	Avena sat.	e. B.	1. 7	—	20. 6	1. 7	—	8. 7	3. 7	13. 6
3. 7	Rubus id.	e. F.	7. 7	2. 7	22. 6	10. 7	—	6. 7	2. 7	10. 7
6. 7	Prunus pad.	e. F.	7. 7	—	28. 6	—	—	6. 7	—	10. 7
19. 7	Secale cer. hib.	Anf. d. E.	20. 7	12. 7	17. 7	1. 8	6. 8	24. 7	24. 7	2. 7
31. 7	Sorbus aucup.	e. F.	13. 8	18. 8	26. 6	1. 8	—	—	10. 8	3. 8
2. 8	Sambucus nig.	e. F.	15. 8	—	20. 8	11. 8	—	20. 8	7. 8	10. 8
4. 8	Tritic.vulg.hib.	Anf. d. E.	6. 8	—	10. 8	—	—	—	10. 8	18. 7
9. 8	Avena sat.	Anf. d. E.	13. 8	—	14. 8	12. 8	—	10. 8	20. 8	30. 7
10. 9	Ligustrum vulg.	e. F.	—	—	—	—	—	20. 8	11. 9	—
17. 9	Aesculus hipp.	e. F.	21. 9	18. 9	20. 9	—	—	8. 9	22. 9	12. 10
20. 9	Quercus ped.	e. F.	18. 9	29. 9	—	12. 9	—	24. 9	25. 9	1. 10
—	Quercus sess.	e. F.	—	29. 9	—	12. 9	—	24. 9	26. 9	1. 10
28. 9	Sorbus aucup.	a. L. V.	21. 9	—	16. 9	15. 9	—	—	18. 9	25. 9
10. 10	Aesculus hipp.	a. L. V.	7. 10	—	2. 10	25. 9	—	—	12. 10	12. 10
13. 10	Betula alba	a. L. V.	7. 10	—	14. 10	1. 10	—	—	20. 10	17. 10
—	Betula pub.	a. L. V.	7. 10	—	14. 10	—	—	—	—	11. 10
14. 10	Fagus sylv.	a. L. V.	—	—	13. 10	1. 10	—	—	19. 10	—
19. 10	Quercus ped.	a. L. V.	8. 10	—	24. 10	12. 10	—	—	27. 10	18. 10
—	Quercus sess.	a. L. V.	—	—	24. 10	12. 10	—	—	27. 10	18. 10
21. 10	Larix europ.	a. L. V.	12. 10	—	6. 10	20. 10	—	—	16. 10	15. 10
Durchschnittliche	Frühjahr . .		— 17	+ 3	— 6	— 1	— 26	— 13	— 6	— 19
Eintrittszeit der	Sommer . . .		— 14	— 6	— 11	— 26	— 31	— 18	— 18	+ 4
Phänomene für	Herbst . . .		— 4	—	— 4	± 0	—	—	— 11	— 11

2*

Pflanzen.

mittl. Eintritt der Entwickl.-Phasen für Giessen.	Der Pflanzen		Eintritt der Entwickl.-Phasen im Jahre 1894 an den Stationen:							
	Namen.	Art der Entwickl.- Phase.	Eisenach Th.	Eltville P.	Elzerath P.	Engen B.	Eppingen B.	Erbenhausen Th.	Ernsee Th.	Ernstthal Th.
11. 2	Coryl. avell.	e. B.	8. 2	15. 2	24. 2	—	15. 2	14. 3	8. 2	15. 2
15. 3	Alnus glut.	e. B.	20. 3	19. 3	25. 2	—	—	20. 3	9. 3	2. 3
6. 4	Larix europ.	e. B.	8. 4	31. 3	5. 4	7. 4	26. 3	18. 4	30. 3	1. 4
10. 4	Aesculus hipp.	B. O. s.	24. 4	4. 4	—	9. 4	3. 4	20. 4	8. 4	20. 4
12. 4	Ribes gross.	e. B.	15. 4	3. 4	7. 4	10. 4	5. 4	13. 4	15. 4	1. 4
13. 4	Acer plat.	e. B.	16. 4	3. 4	—	—	—	20. 4	18. 4	18. 4
14. 4	Ribes rub.	e. B.	20. 4	—	8. 4	12. 4	6. 4	13. 4	17. 4	20. 4
14. 4	Tilia grand.	B. O. s.	5. 4	6. 4	—	—	—	18. 4	24. 4	20. 4
17. 4	Larix europ.	B. O. s.	25. 4	2. 4	7. 4	—	30. 3	12. 4	6. 4	4. 4
17. 4	Betula alba	e. B.	26. 4	6. 4	11. 4	—	—	8. 5	15. 4	—
18. 4	Prunus avium	e. B.	27. 4	3. 4	10. 4	10. 4	8. 4	15. 4	17. 4	—
18. 4	Betula alba	B. O. s.	28. 4	4. 4	6. 4	—	12. 4	19. 4	17. 4	18. 4
19. 4	Prunus spin.	e. B.	28. 4	—	11. 4	10. 4	9. 4	15. 4	20. 4	28. 4
19-21.4	Carpinus bet.	B.O.s.-e.B.	5. 5	—	12. 4	—	—	20. 4	16. 4	25. 4
20. 4	Aesculus hipp.	a. Bel.	10. 5	8. 4	—	15. 4	12. 4	30. 4	19. 4	27. 4
—	Betula pub.	B. O. s.	—	—	6. 4	—	10. 4	19. 4	—	—
—	Betula pub.	e. B.	—	—	11. 4	—	—	—	—	—
21. 4	Fraxinus exc.	e. B.	15. 5	6. 4	—	—	—	—	26. 4	20. 4
23. 4	Prunus pad.	e. B.	10. 5	8. 4	—	—	—	18. 4	27. 4	—
23. 4	Pyrus comm.	e. B.	27. 4	—	16. 4	18. 4	10. 4	10. 5	29. 4	—
24. 4	Fagus sylv.	B. O. s.	29. 4	9. 4	9. 4	18. 4	—	19. 4	20. 4	22. 4
28. 4	Pyrus mal.	e. B.	4. 5	—	24. 4	23. 4	12. 4	12. 5	26. 4	—
1. 5	Vitis vinif.	B. O. s.	10. 5	10. 4	—	7. 5	—	—	27. 4	—
1. 5	Quercus ped.	B. O. s.	12. 5	11. 4	14. 4	7. 5	18. 4	3. 5	30. 4	—
—	Quercus sess.	B. O. s.	12. 5	—	14. 4	7. 5	—	—	—	—
2. 5	Acer pseud.	e. B.	5. 5	19. 4	—	7. 5	—	3. 5	22. 4	2. 5
3. 5	Fagus sylv.	Bu. gr.	15. 5	12. 4	17. 4	25. 4	18. 4	20. 4	2. 5	1. 5
3. 5	Abies pect.	B. O. s.	15. 5	—	6. 5	—	—	3. 6	—	—
4. 5	Syringa vulg.	e. B.	10. 5	13. 4	1. 5	—	16. 4	16. 5	2. 5	9. 5
5. 5	Abies excel.	B. O. s.	8. 5	15. 4	1. 5	—	—	30. 4	8. 5	10. 5
—	Quercus ped.	Beg.d.Sch.	—	20. 4	30. 4	—	—	—	7. 5	—
—	Quercus sess.	Beg.d.Sch.	—	—	30. 4	—	—	—	—	—
6. 5	Aesculus hipp.	e. B.	16. 5	16. 4	—	—	23. 4	10. 5	5. 5	—
9. 5	Crataegus ox.	e. B.	20. 5	18. 4	8. 5	—	24. 4	12. 5	12. 5	—
12. 5	Quercus ped.	e. B.	27. 5	—	6. 5	2. 5	—	1. 6	9. 5	—
—	Quercus sess.	e. B.	27. 5	20. 4	6. 5	2. 5	—	—	—	—
12. 5	Spartium scop.	e. B.	15. 5	17. 4	7. 5	—	—	—	—	—
14. 5	Quercus ped.	Ei. gr.	25. 5	19. 4	8. 5	10. 5	8. 5	20. 5	12. 5	—

Pflanzen.

mittl. Eintritt der Entwickl.-Phasen für Giessen.	Der Pflanzen Namen.	Art der Entwickl.-Phase.	Eintritt der Entwickl.-Phasen im Jahre 1894 an den Stationen:							
			Eisenach Th.	Eltville P.	Elzerath P.	Engen B.	Eppingen B.	Erbenhausen Th.	Ernsee Th.	Ernstthal Th.
—	Quercus sess.	Ei. gr.	25. 5	—	8. 5	—	8. 5	—	—	—
15. 5	Cytisus lab.	e. B.	18. 5	19. 4	10. 5	—	8. 5	—	—	—
16. 5	Sorbus aucup.	e. B.	20. 5	25. 4	9. 5	—	—	16. 5	16. 5	—
17. 5	Pinus sylv.	e. B	25. 5	5. 5	14. 5	2. 5	—	5. 6	22. 5	15. 5
28. 5	Sambucus nig.	e. B.	25. 5	10. 5	—	—	—	10. 6	29. 5	28. 5
28. 5	Secale cer. hib.	e. B.	2. 6	17. 5	4. 6	—	—	22. 5	30. 5	—
31. 5	Pinus sylv.	B. O. s.	18. 5	18. 4	10. 5	—	—	18. 5	—	21. 5
31. 5	Rubus id.	e. B.	6. 6	17. 5	2. 6	8. 6	—	3. 6	7. 6	3. 6
2. 6	Robinia pseud.	e. B.	4. 6	18. 5	—	—	—	—	6. 6	—
14. 6	Vitis vinif.	e. B.	18. 6	4. 6	—	10. 6	—	—	26. 6	—
14. 6	Tritic.vulg.hib.	e. B.	20. 6	20. 6	27. 6	—	—	7. 6	22. 6	—
19. 6	Ligustrum vulg.	e. B.	26. 6	29. 5	—	—	16. 6	—	2. 7	—
20. 6	Ribes rub.	e. F.	22. 5	20. 5	25. 6	15. 6	14. 6	16. 7	29. 6	2. 7
22. 6	Tilia grand.	e. B.	27. 6	11. 6	—	25. 6	18. 6	15. 6	5. 7	—
28. 6	Tilia parv.	e. B.	27. 6	24. 6	6. 7	30. 6	—	5. 7	10. 7	—
29. 6	Avena sat.	e. B.	2. 7	25. 6	20. 7	30. 6	—	10. 7	3. 7	—
3. 7	Rubus id.	e. F.	5. 7	—	12. 7	5. 7	—	22. 7	10. 7	—
6. 7	Prunus pad.	e. F.	8. 7	1. 7	—	—	—	25. 7	13. 7	—
19. 7	Secale cer. hib.	Anf. d. E.	26. 7	15. 7	30. 7	20. 7	—	28. 7	24. 7	7. 8
31. 7	Sorbus aucup.	e. F.	2. 8	20. 7	27. 7	2. 8	—	15. 8	2. 8	—
2. 8	Sambucus nig.	e. F.	14. 8	6. 8	—	—	—	20. 9	12. 8	1. 10
4. 8	Tritic.vulg.hib.	Anf. d. E.	10. 8	31. 7	7. 8	30. 7	—	8. 8	1. 8	—
9. 8	Avena sat.	Anf. d. E.	25. 8	31. 7	15. 8	12. 8	—	25. 8	13. 8	27. 8
10. 9	Ligustrum vulg.	e. F.	15. 9	10. 9	—	—	—	—	3. 9	—
17. 9	Aesculus hipp.	e. F.	18. 9	—	—	10. 9	14. 9	20. 9	21. 9	—
20. 9	Quercus ped.	e. F.	26. 9	30. 9	15. 9	15. 9	—	—	28. 9	—
—	Quercus sess.	e. F.	26. 9	30. 9	15. 9	15. 9	—	—	—	—
28. 9	Sorbus aucup.	a. L. V.	8. 9	—	5. 9	—	—	1. 10	18. 9	25. 9
10. 10	Aesculus hipp.	a. L. V.	25. 10	10. 10	—	3. 10	8. 10	30. 9	20. 10	8. 10
13. 10	Betula alba	a. L. V.	20. 10	10. 10	16. 10	—	—	7. 10	22. 10	10. 10
—	Betula pub.	a. L. V.	—	—	16. 10	—	—	7. 10	—	—
14. 10	Fagus sylv.	a. L. V.	26. 10	—	10. 10	4. 10	14. 10	1. 10	24. 10	8. 10
19. 10	Quercus ped.	a. L. V.	26. 10	15. 10	18. 10	9. 10	17. 10	15. 10	28. 10	—
—	Quercus sess.	a. L. V.	26. 10	—	18. 10	9. 10	17. 10	—	—	—
21. 10	Larix europ.	a. L. V.	20. 10	—	15. 10	—	9. 10	1. 10	25. 10	15. 10
Durchschnittliche	Frühjahr . .		− 18	+ 5	− 4	− 5	+ 1	− 18	− 11	− 18
Eintrittszeit der	Sommer . . .		− 20	− 9	− 24	− 14	—	− 22	− 18	− 32
Phänomene für	Herbst . . .		− 15	− 5	− 6	+ 8	− 3	+ 4	− 16	− 4

Pflanzen.

mittl. Eintritt der Entwickl.-Phasen für Giessen.	Der Pflanzen		Eintritt der Entwickl.-Phasen im Jahre 1894 an den Stationen:							
	Namen.	Art der Entwickl.-Phase.	Escherode P.	Ettlingen B.	Eulenkopf E.	Feldkrücken H.	Finkenloch H.	Flörsbach P.	Födersdorf P.	Frankenau P.
11. 2	Coryl. avell.	e. B.	27. 2	20. 2	10. 2	28. 2	6. 2	26. 1	11. 2	9. 3
15. 3	Alnus glut.	e. B.	—	12. 3	6. 3	18. 3	12. 3	3. 3	—	25. 3
6. 4	Larix europ.	e. B.	1. 4	25. 3	27. 3	1. 4	28. 3	17. 3	11. 4	27. 3
10. 4	Aesculus hipp.	B. O. s.	7. 4	1. 4	—	—	—	6. 4	19. 4	4. 4
12. 4	Ribes gross.	e. B.	8. 4	4. 4	10. 4	18. 4	4. 4	4. 4	15. 4	4. 4
13. 4	Acer plat.	e. B.	—	6. 4	—	2. 4	4. 4	—	18. 4	8. 4
14. 4	Ribes rub.	e. B.	7. 4	8. 4	10. 4	24. 4	6. 4	12. 4	17. 4	6. 4
14. 4	Tilia grand.	B. O. s.	—	12. 4	15. 4	14. 4	—	20. 4	—	9. 4
17. 4	Larix europ.	B. O. s.	4. 4	30. 3	1. 4	—	3. 4	21. 3	13. 4	4. 4
17. 4	Betula alba	e. B.	—	3. 4	10. 4	12. 4	12. 4	12. 4	—	10. 4
18. 4	Prunus avium	e. B.	—	—	6. 4	15. 4	8. 4	8. 5	27. 4	11. 4
18. 4	Betula alba	B. O. s.	—	1. 4	12. 4	25. 4	10. 4	27. 4	14. 4	10. 4
19. 4	Prunus spin.	e. B.	11. 4	1. 4	—	24. 4	10. 4	9. 5	28. 4	9. 4
19-21.4	Carpinus bet.	B.O.s.-e.B.	—	5. 4	5. 4	17. 4	9. 4	22. 4	18. 4	10. 4
20. 4	Aesculus hipp.	a. Bel.	14. 4	8. 4	—	—	—	12. 4	25. 4	12. 4
—	Betula pub.	B. O. s.	7. 4	—	10. 4	—	10. 4	—	14. 4	—
—	Betula pub.	e. B.	7. 4	—	10. 4	—	12. 4	—	—	—
21. 4	Fraxinus exc.	e. B.	—	17. 4	8. 4	13. 4	14. 4	—	—	11. 4
23. 4	Prunus pad.	e. B.	—	31. 3	—	29. 4	10. 4	—	26. 4	25. 4
23. 4	Pyrus comm.	e. B.	14. 4	4. 4	10. 4	30. 4	12. 4	10. 5	29. 4	21. 4
24. 4	Fagus sylv.	B. O. s.	7. 4	6. 4	10. 4	10. 4	8. 4	30. 4	26. 4	10. 4
28. 4	Pyrus mal.	e. B.	21. 4	12. 4	12. 4	30. 4	8. 4	17. 5	5. 5	22. 4
1. 5	Vitis vinif.	B. O. s.	—	16. 4	—	3. 5	16. 4	—	—	1. 5
1. 5	Quercus ped.	B. O. s.	18. 4	22. 4	20. 4	—	16. 4	10. 5	30. 4	16. 4
—	Quercus sess.	B. O. s.	18. 4	22. 4	20. 4	—	16. 4	—	—	20. 4
2. 5	Acer pseud.	e. B.	—	20. 4	20. 4	—	20. 4	—	—	22. 4
3. 5	Fagus sylv.	Bu. gr.	20. 4	15. 4	25. 4	30. 4	20. 4	17. 5	4. 5	18. 4
3. 5	Abies pect.	B. O. s.	29. 4	19. 4	5. 4	9. 5	18. 4	19. 5	6. 5	—
4. 5	Syringa vulg.	e. B.	—	10. 4	24. 4	—	—	20. 5	12. 5	23. 4
5. 5	Abies excel.	B. O. s.	29. 4	23. 4	1. 5	8. 5	20. 4	19. 5	4. 5	18. 4
—	Quercus ped.	Beg.d.Sch.	—	—	15. 4	—	—	15. 5	—	—
—	Quercus sess.	Beg.d.Sch.	—	—	15. 4	—	—	15. 5	—	—
6. 5	Aesculus hipp.	e. B.	—	20. 4	—	—	—	—	10. 5	25. 4
9. 5	Crataegus ox.	e. B.	2. 5	23. 4	5. 4	14. 5	20. 4	—	—	8. 5
12. 5	Quercus ped.	e. B.	—	—	10. 5	—	1. 5	19. 5	10. 5	22. 4
—	Quercus sess.	e. B.	—	—	10. 5	—	1. 5	19. 5	—	1. 5
12. 5	Spartium scop.	e. B.	—	20. 4	10. 5	—	—	2. 6	—	6. 5
14. 5	Quercus ped.	Ei. gr.	6. 5	24. 4	11. 5	—	1. 5	20. 5	23. 5	30. 4

Pflanzen.

mittl. Eintritt der Entwickl.-Phasen für Giessen.	Der Pflanzen Namen.	Art der Entwickl.-Phase.	Eintritt der Entwickl.-Phasen im Jahre 1894 an den Stationen:							
			Escherode P.	Ettlingen B.	Eulenkopf E.	Feldkrücken H.	Finkenloch H.	Flörsbach P.	Födersdorf P.	Frankenau P.
—	Quercus sess.	Ei. gr.	6. 5	24. 4	11. 5	—	1. 5	20. 5	—	3. 5
15. 5	Cytisus lab.	e. B.	3. 5	20. 4	—	—	—	—	—	2. 5
16. 5	Sorbus aucup.	e. B.	2. 5	10. 5	10. 5	25. 5	5. 5	4. 6	10. 5	8. 5
17. 5	Pinus sylv.	e. B.	—	5. 5	10. 5	—	4. 5	6. 6	17. 5	15. 5
28. 5	Sambucus nig.	e. B.	—	—	25. 5	1. 6	18. 5	20. 6	15. 6	5. 6
28. 5	Secale cer. hib.	e. B.	2. 6	10. 5	27. 5	10. 6	17. 5	20. 6	28. 5	4. 6
31. 5	Pinus sylv.	B. O. s.	—	20. 4	6. 5	—	1. 5	22. 5	13. 5	5. 5
31. 5	Rubus id.	e. B.	—	15. 5	27. 5	11. 6	24. 5	16. 6	24. 5	25. 5
2. 6	Robinia pseud.	e. B.	—	12. 5	27. 5	—	25. 5	—	9. 6	10. 6
14. 6	Vitis vinif.	e. B.	—	1. 6	—	—	6. 6	—	—	25. 6
14. 6	Tritic.vulg.hib.	e. B.	—	—	—	18. 6	5. 6	—	20. 6	25. 6
19. 6	Ligustrum vulg.	e. B.	—	—	—	—	—	—	3. 7	20. 6
20. 6	Ribes rub.	e. F.	2. 7	15. 6	28. 5	28. 6	15. 6	22. 6	2. 7	25. 6
22. 6	Tilia grand.	e. B.	—	20. 6	27. 6	20. 6	16. 6	24. 6	—	1. 7
28. 6	Tilia parv.	e. B.	—	20. 6	30. 6	21. 6	18. 6	24. 6	12. 7	15. 7
29. 6	Avena sat.	e. B.	—	25. 6	—	30. 6	24. 6	5. 6	6. 7	20. 7
3. 7	Rubus id.	e. F.	3. 7	1. 7	30. 6	6. 7	1. 7	21. 7	12. 7	10. 7
6. 7	Prunus pad.	e. F.	—	—	—	—	1. 7	—	—	10. 7
19. 7	Secale cer. hib.	Anf. d. E.	26. 7	12. 7	21. 7	23. 7	12. 7	10. 8	18. 7	22. 7
31. 7	Sorbus aucup.	e. F.	—	—	25. 7	2. 7	24. 7	12. 8	—	28. 7
2. 8	Sambucus nig.	e. F.	—	—	10. 8	12. 8	20. 8	2. 9	—	18. 8
4. 8	Tritic.vulg.hib.	Anf. d. E.	—	24. 7	—	8. 8	10. 8	—	28. 7	6. 8
9. 8	Avena sat.	Anf. d. E.	23. 8	5. 8	10. 8	15. 8	20. 8	2. 9	4. 8	11. 8
10. 9	Ligustrum vulg.	e. F.	—	—	—	—	—	—	—	25. 8
17. 9	Aesculus hipp.	e. F.	—	20. 9	—	—	10. 9	—	25. 9	25. 9
20. 9	Quercus ped.	e. F.	—	—	—	—	12. 9	—	23. 9	28. 9
—	Quercus sess.	e. F.	—	—	—	—	—	—	23. 9	1. 10
28. 9	Sorbus aucup.	a. L. V.	—	—	12. 9	12. 9	15. 9	29. 9	28. 9	15. 9
10. 10	Aesculus hipp.	a. L. V.	—	1. 10	—	—	—	22. 10	15. 10	1. 10
13. 10	Betula alba	a. L. V.	—	25. 10	10. 10	8. 10	13. 9	22. 10	6. 10	12. 10
—	Betula pub.	a. L. V.	8. 10	—	10. 10	—	15. 10	—	6. 10	12. 10
14. 10	Fagus sylv.	a. L. V.	8. 10	20. 10	15. 10	12. 10	12. 10	20. 10	12. 10	25. 9
19. 10	Quercus ped.	a. L. V.	15. 10	—	22. 10	—	18. 10	26. 10	10. 10	1. 10
—	Quercus sess.	a. L. V.	15. 10	—	22. 10	—	18. 10	—	—	4. 10
21. 10	Larix europ.	a. L. V.	8. 10	10. 10	6. 10	10. 10	16. 10	3. 11	18. 10	3. 10
Durchschnittliche Eintrittszeit der Phänomene für	Frühjahr . . .		—4	+6	—½	—13	+1	—22	—16	—5
	Sommer . . .		—20	—6	—15	—17	—6	—35	- 12	—16
	Herbst . . .		+½	—11	—3	—4	+5	—18	—7	+4

Pflanzen.

mittl. Eintritt der Entwickl.-Phasen für Giessen.	Namen.	Art der Entwickl.-Phase.	Frauensee Th.	Freiburg i. B. B.	Freyburg a. U. P.	Friedrichsrode P.	Friedrichsthal P.	Fritzen P.	Gedern H.	Gengenbach B.
11. 2	Coryl. avell.	e. B.	7. 2	1. 2	27. 2	15. 3	20. 2	12. 3	1. 3	4. 2
15. 3	Alnus glut.	e. B.	13. 2	14. 2	—	13. 3	12. 3	26. 3	—	22. 2
6. 4	Larix europ.	e. B.	29. 3	29. 3	5. 4	20. 4	4. 4	8. 4	—	28. 3
10. 4	Aesculus hipp.	B. O. s.	—	2. 4	11. 4	8. 4	16. 4	18. 4	—	5. 4
12. 4	Ribes gross.	e. B.	4. 4	3. 4	3. 4	9. 4	10. 4	16. 4	—	—
13. 4	Acer plat.	e. B.	7. 4	30. 3	8. 4	14. 4	10. 4	21. 4	—	—
14. 4	Ribes rub.	e. B.	7. 4	3. 4	5. 4	10. 4	13. 4	22. 4	—	—
14. 4	Tilia grand.	B. O. s.	14. 4	5. 4	30. 4	7. 5	16. 4	—	—	5. 4
17. 4	Larix europ.	B. O. s.	2. 4	1. 4	16. 4	20. 4	7. 4	18. 4	—	30. 3
17. 4	Betula alba	e. B.	7. 4	3. 4	25. 4	7. 5	16. 4	20. 4	—	—
18. 4	Prunus avium	e. B.	7. 4	2. 4	8. 4	19. 5	17. 4	24. 4	—	4. 4
18. 4	Betula alba	B. O. s.	15. 4	5. 4	19. 4	15. 5	17. 4	18. 4	—	4. 4
19. 4	Prunus spin.	e. B.	11. 4	2. 4	8. 4	20. 5	—	—	—	4. 4
19-21.4	Carpinus bet.	B.O.s.-e.B.	16. 4	4. 4	30. 4	20. 4	18. 4	20. 4	—	6. 4
20. 4	Aesculus hipp.	a. Bel.	—	8. 4	28. 4	12. 5	19. 4	25. 4	—	—
—	Betula pub.	B. O. s.	—	5. 4	—	—	—	—	—	—
—	Betula pub.	e. B.	7. 4	5. 4	—	—	—	—	—	—
21. 4	Fraxinus exc.	e. B.	15. 4	1. 4	—	17. 5	17. 4	21. 4	—	—
23. 4	Prunus pad.	e. B.	14. 4	8. 4	—	11. 5	—	3. 5	—	—
23. 4	Pyrus comm.	e. B.	12. 4	—	12. 4	18. 5	17. 4	4. 5	—	6. 4
24. 4	Fagus sylv.	B. O. s.	13. 4	8. 4	20. 4	16. 5	19. 4	6. 5	—	7. 4
28. 4	Pyrus mal.	e. B.	14. 4	10. 4	17. 4	18. 5	24. 4	13. 5	—	20. 4
1. 5	Vitis vinif.	B. O. s.	20. 4	8. 4	5. 5	28. 5	20. 4	4. 5	—	11. 4
1. 5	Quercus ped.	B. O. s.	25. 4	8. 4	4. 5	13. 5	20. 4	7. 5	19. 4	11. 4
—	Quercus sess.	B. O. s.	26. 4	10. 4	4. 5	15. 5	—	—	20. 4	11. 4.
2. 5	Acer pseud.	e. B.	25. 4	18. 4	24. 4	11. 5	—	6. 5	19. 4	12. 4
3. 5	Fagus sylv.	Bu. gr.	28. 4	11. 4	25. 4	13. 5	30. 4	13. 5	15. 4	16. 4
3. 5	Abies pect.	B. O. s.	—	22. 4	9. 5	1. 6	5. 5	3. 5	29. 4	23. 4
4. 5	Syringa vulg.	e. B.	27. 4	8. 4	18. 4	18. 5	30. 4	13. 5	17. 4	11. 4
5. 5	Abies excel.	B. O. s.	10. 4	16. 4	28. 4	24. 5	30. 4	8. 5	25. 4	16. 4
—	Quercus ped.	Beg.d.Sch.	—	11. 4	—	—	—	12. 5	—	16. 4
—	Quercus sess.	Beg.d.Sch.	—	14. 4	—	—	—	—	—	16. 4
6. 5	Aesculus hipp.	e. B.	30. 5	14. 4	7. 5	24. 5	4. 5	12. 5	17. 4	16. 4
9. 5	Crataegus ox.	e. B.	5. 5	21. 4	4. 5	24. 5	—	17. 5	2. 4	—
12. 5	Quercus ped.	e. B.	5. 5	14. 4	10. 5	16. 5	—	17. 5	—	23. 4
—	Quercus sess.	e. B.	5. 5	16. 4	10. 5	20. 5	—	—	—	23. 4
12. 5	Spartium scop.	e. B.	5. 5	—	—	—	—	—	—	12. 4
14. 5	Quercus ped.	Ei. gr.	10. 5	16. 4	14. 5	20. 5	8. 5	20. 5	—	26. 4

Pflanzen.

mittl. Eintritt der Entwickl.-Phasen für Giessen.	Der Pflanzen Namen.	Art der Entwickl.-Phase.	Eintritt der Entwickl.-Phasen im Jahre 1894 an den Stationen:							
			Frauensee Th.	Freiburg i. B. B.	Freyburg a. U. P.	Friedrichsrode P.	Friedrichsthal P.	Fritzen P.	Gedern H.	Gengenbach B.
—	Quercus sess.	Ei. gr.	12. 5	22. 4	14. 5	25. 5	—	—	—	26. 4
15. 5	Cytisus lab.	e. B.	—	22. 4	—	—	—	—	—	—
16. 5	Sorbus aucup.	e. B.	13. 5	23. 4	10. 5	20. 5	5. 5	10. 5	—	24. 4
17. 5	Pinus sylv.	e. B.	12. 5	27. 4	3. 5	26. 5	8. 5	17. 5	—	—
28. 5	Sambucus nig.	e. B.	24. 5	28. 4	—	20. 6	20. 5	5. 6	—	19. 5
28. 5	Secale cer. hib.	e. B.	3. 6	14. 5	28. 5	14. 6	20. 5	5. 6	—	18. 5
31. 5	Pinus sylv.	B. O. s.	6. 5	24. 4	23. 4	14. 6	4. 5	12. 5	30. 4	—
31. 5	Rubus id.	e. B.	26. 5	14. 5	3. 6	11. 6	—	10. 6	25. 5	12. 5
2. 6	Robinia pseud.	e. B.	1. 6	15. 5	1. 6	—	5. 6	—	26. 5	20. 5
14. 6	Vitis vinif.	e. B.	8. 6	6. 6	2. 7	29. 6	1. 7	—	27. 5	25. 6
14. 6	Tritic.vulg.hib.	e. B.	10. 6	4. 6	30. 6	28. 6	—	24. 6	—	—
19. 6	Ligustrum vulg.	e. B.	15. 6	1. 6	25. 6	26. 4	—	—	—	6. 6
20. 6	Ribes rub.	e. F.	15. 6	3. 6	25. 6	8. 7	25. 6	26. 6	—	—
22. 6	Tilia grand.	e. B.	20. 6	7. 6	30. 6	20. 7	15. 6	—	—	23. 6
28. 6	Tilia parv.	e. B.	28. 6	19. 6	3. 7	10. 7	20. 6	16. 7	4. 7	—
29. 6	Avena sat.	e. B.	30. 6	18. 6	28. 6	6. 7	23. 6	18. 7	—	5. 7
3. 7	Rubus id.	e. F.	5. 7	23. 6	1. 7	11. 7	3. 7	20. 7	—	21. 6
6. 7	Prunus pad.	e. F.	—	23. 6	—	—	—	20. 7	—	—
19. 7	Secale cer. hib.	Anf. d. E.	16. 7	12. 7	20. 7	17. 8	15. 7	23. 7	—	13. 7
31. 7	Sorbus aucup.	e. F.	15. 8	26. 7	19. 8	25. 8	23. 7	28. 7	—	—
2. 8	Sambucus nig.	e. F.	15. 8	2. 8	—	6. 7	8. 8	10. 8	—	4. 8
4. 8	Tritic.vulg.hib.	Anf. d. E.	15. 8	24. 7	28. 7	28. 8	—	5. 8	—	20. 7
9. 8	Avena sat.	Anf. d. E.	13. 8	30. 7	25. 7	11. 7	7. 8	8. 8	—	30. 7
10. 9	Ligustrum vulg.	e. F.	1. 9	30. 8	3. 9	—	—	—	—	—
17. 9	Aesculus hipp.	e. F.	20. 9	13. 9	13. 9	3. 10	20. 9	18. 9	—	—
20. 9	Quercus ped.	e. F.	20. 9	22. 9	17. 9	—	30. 9	22. 9	—	—
—	Quercus sess.	e. F.	20. 9	24. 9	17. 9	—	30. 9	—	—	—
28. 9	Sorbus aucup.	a. L. V.	15. 9	25. 9	9. 9	4. 10	20. 9	15. 8	—	—
10. 10	Aesculus hipp.	a. L. V.	15. 10	3. 10	7. 10	19. 10	30. 9	8. 10	—	—
13. 10	Betula alba	a. L. V.	15. 10	5. 10	4. 10	22. 10	30. 10	8. 10	—	—
—	Betula pub.	a. L. V.	—	8. 10	—	—	—	—	—	—
14. 10	Fagus sylv.	a. L. V.	20. 10	5. 10	14. 10	11. 10	29. 10	10. 10	—	—
19. 10	Quercus ped.	a. L. V.	20. 10	8. 10	16. 10	25. 10	30. 10	10. 10	—	—
—	Quercus sess.	a. L. V.	20. 10	10. 10	16. 10	29. 10	—	—	—	—
21. 10	Larix europ.	a. L. V.	15. 10	10. 10	9. 10	5. 11	—	9. 10	—	—
Durchschnittliche Eintrittszeit der Phänomene für { Frühjahr ..			±0	+5	−4	−30	−8	−19	—	+3
Sommer ...			−10	−6	−14	−42	−9	−17	—	−7
Herbst ...			−9	+1	−2	−16	−21	−2	—	—

Pflanzen.

mittl. Eintritt der Entwickl.-Phasen für Giessen.	Namen.	Art der Entwickl.-Phase.	Gera Th.	Gerlachsheim B.	Germerode P.	Giessen H.	Glindfeld P.	Grammentin P.	Grebenhain H.	Greifenhain H.
11.2	Coryl. avell.	e. B.	—	10.2	20.2	17.2	28.2	20.2	16.3	10.2
15.3	Alnus glut.	e. B.	7.3	16.3	9.3	18.3	25.3	10.3	25.3	3.3
6.4	Larix europ.	e. B.	2.4	1.4	8.4	29.3	3.4	4.4	2.4	20.3
10.4	Aesculus hipp.	B. O. s.	13.4	10.4	14.4	2.4	10.4	11.4	13.4	2.4
12.4	Ribes gross.	e. B.	8.4	7.4	10.4	4.4	6.4	5.4	11.4	3.4
13.4	Acer plat.	e. B.	9.4	14.4	1.5	7.4	10.4	10.4	11.4	—
14.4	Ribes rub.	e. B.	15.4	12.4	10.4	2.4	8.4	12.4	14.4	5.4
14.4	Tilia grand.	B. O. s.	18.4	16.4	9.5	—	—	—	20.4	15.4
17.4	Larix europ.	B. O. s.	12.4	9.4	12.4	—	5.4	8.4	10.4	—
17.4	Betula alba	e. B.	16.4	11.4	19.4	7.4	13.4	18.4	16.4	9.4
18.4	Prunus avium	e. B.	16.4	11.4	29.4	6.4	15.4	16.4	16.4	6.4
18.4	Betula alba	B. O. s.	17.4	18.4	22.4	—	15.4	21.4	18.4	12.4
19.4	Prunus spin.	e. B.	13.4	8.4	16.4	9.4	—	18.4	17.4	7.4
19·21.4	Carpinus bet.	B.O.s.-e.B.	22.4	9.4	18.4	14.4	18.4	14.4	16.4	4.4
20.4	Aesculus hipp.	a. Bel.	21.4	16.4	28.4	11.4	18.4	21.4	21.4	12.4
—	Betula pub.	B. O. s.	—	—	—	—	—	—	—	—
—	Betula pub.	e. B.	15.4	—	—	—	—	—	—	—
21.4	Fraxinus exc.	e. B.	22.4	19.4	26.4	15.4	—	20.4	17.4	9.4
23.4	Prunus pad.	e. B.	—	15.4	6.5	18.4	—	—	18.4	—
23.4	Pyrus comm.	e. B.	16.4	11.4	28.4	14.4	19.4	20.4	26.4	12.4
24.4	Fagus sylv.	B. O. s.	18.4	16.4	13.4	—	15.4	18.4	8.4	12.4
28.4	Pyrus mal.	e. B.	25.4	19.4	17.4	17.4	22.4	24.4	5.5	20.4
1.5	Vitis vinif.	B. O. s.	4.5	24.4	29.4	16.4	—	29.4	—	18.4
1.5	Quercus ped.	B, O. s.	6.5	25.4	20.4	22.4	2.5	5.5	1.5	21.4
—	Quercus sess.	B. O. s.	6.5	22.4	20.4	—	2.5	5.5	1.5	25.4
2.5	Acer pseud.	e. B.	6.5	25.4	7.5	—	2.5	1.5	18.4	25.4
3.5	Fagus sylv.	Bu. gr.	—	23.4	20.4	26.4	22.4	2.5	17.4	27.4
3.5	Abies pect.	B. O. s.	13.5	6.5	10.5	—	—	7.5	—	—
4.5	Syringa vulg.	e. B.	2.5	29.4	11.5	27.4	5.5	1.5	13.5	—
5.5	Abies excel.	B. O. s.	15.5	4.5	2.5	29.4	5.5	30.4	5.5	—
—	Quercus ped.	Beg.d.Sch.	—	3.5	23.4	—	—	3.5	—	—
—	Quercus sess.	Beg.d.Sch.	—	8.5	23.4	—	5.5	3.5	—	—
6.5	Aesculus hipp.	e. B.	4.5	34.4	4.5	1.5	4.5	6.5	8.5	1.5
9.5	Crataegus ox.	e. B.	12.5	29.4	6.5	3.5	7.5	8.5	11.5	4.5
12.5	Quercus ped.	e. B.	6.5	1.5	—	5.5	—	5.5	16.5	6.5
—	Quercus sess.	e. B.	12.5	1.5	4.5	—	—	5.5	16.5	—
12.5	Spartium scop.	e. B.	—	—	8.5	—	10.5	—	—	—
14.5	Quercus ped.	Ei. gr.	21.5	10.5	4.5	8.5	—	18.5	19.5	20.5

Die Spalten „Eintritt der Entwickl.-Phasen im Jahre 1894 an den Stationen:" umfassen: Gera Th., Gerlachsheim B., Germerode P., Giessen H., Glindfeld P., Grammentin P., Grebenhain H., Greifenhain H.

Pflanzen.

mittl. Eintritt der Entwickl.-Phasen für Giessen.	Namen.	Art der Entwickl.-Phase.	Gera Th.	Gerlachsheim B.	Germerode P.	Giessen H.	Glindfeld P.	Grammentin P.	Grebenhain H.	Greifenhain H.
			Eintritt der Entwickl.-Phasen im Jahre 1894 an den Stationen:							
—	Quercus sess.	Ei. gr.	—	10.5	4.5	—	—	18.5	19.5	—
15.5	Cytisus lab.	e. B.	13.5	12.5	—	9.5	—	—	—	—
16.5	Sorbus aucup.	e. B.	13.5	12.5	8 5	13.5	14.5	23.5	—	20.5
17.5	Pinus sylv.	e. B.	19.5	6.5	10.5	—	—	—	—	20.5
28.5	Sambucus nig.	e. B.	31.5	16.5	19.5	21.5	—	25.5	26.6	30.5
28.5	Secale cer. hib.	e. B.	26.5	27.5	1.6	22.5	29.5	23.5	13.6	8.6
31.5	Pinus sylv.	B. O. s.	4.6	15.5	1.5	—	—	—	—	10.5
31.5	Rubus id.	e. B.	29.5	4.6	28.5	28.5	29.5	30.5	16.6	6.6
2.6	Robinia pseud.	e. B.	2.6	1.6	—	25.5	—	10.6	—	—
14.6	Vitis vinif.	e. B.	—	1.6	16.6	8.6	—	20.6	—	—
14.6	Tritic.vulg.hib.	e. B.	—	22.6	8.6	9.6	10.7	21.6	1.7	28.6
19.6	Ligustrum vulg.	e. B.	—	20.6	20.6	—	—	—	—	30.6
20.6	Ribes rub	e. F.	21.6	23.6	12.6	20.6	1.7	24.6	15.7	30.6
22.6	Tilia grand.	e. B.	1.7	24.6	1.7	16.6	—	24.6	10.7	30.6
28.6	Tilia parv.	e. B.	5.7	4.7	8.7	19.6	5.7	—	18.7	5.7
29.6	Avena sat.	e. B.	—	1.7	2.7	24.6	10.7	28.6	19.7	30.6
3.7	Rubus id.	e. F.	11.7	10.7	29.6	16.7	15.7	7.7	15.7	6.7
6.7	Prunus pad.	e. F.	—	27.6	10.7	1.7	—	—	—	—
19.7	Secale cer. hib.	Anf. d. E.	18.7	20.7	27.7	6.7	25.7	19.7	3.8	18.7
31.7	Sorbus aucup.	e. F.	12.8	20.8	10.8	24.7	26.8	1.8	15.8	24.7
2.8	Sambucus nig.	e. F.	25.8	8.8	19.9	—	13.9	14.8	26.8	6.8
4.8	Tritic.vulg.hib.	Anf. d. E.	—	5.8	6.8	26.8	18.8	30.7	20.8	6.8
9.8	Avena sat.	Anf. d. E.	23.8	25.8	2.9	24.8	25.8	13.8	25.8	6.8
10.9	Ligustrum vulg.	e. F.	—	10.9	20.9	—	—	—	—	—
17.9	Aesculus hipp.	e. F.	26.9	10.9	5.10	7.9	6.10	22.9	—	20.9
20.9	Quercus ped.	e. F.	—	10.10	—	17.9	—	24.9	8.10	22.9
—	Quercus sess.	e. F.	—	15.10	12.10	—	—	—	8.10	—
28.9	Sorbus aucup.	a. L. V.	23.8	5.10	18.9	10.9	20.9	19.8	1.10	15.9
10.10	Aesculus hipp.	a. L. V.	4.10	28.9	18.10	5.10	26.9	17.10	19.10	2.10
13.10	Betula alba	a. L. V.	8.10	15.9	10.10	5.10	—	26.10	20.10	3.10
—	Betula pub.	a. L. V.	—	—	—	—	—	—	—	—
14.10	Fagus sylv.	a. L. V.	10.10	20.9	10.10	12.10	26.9	5.11	9.10	5.10
19.10	Quercus ped.	a. L. V.	29.10	10.10	—	19.10	6.10	7.11	23.10	12.10
—	Quercus sess.	a. L. V.	—	10 10	13.10	—	6.10	—	23.10	—
21.10	Larix europ.	a. L. V.	20.10	25.9	9.10	5.10	—	26.10	20.10	2.10
Durchschnittliche Eintrittszeit der Phänomene für	Frühjahr ..		— 8	— 2	— 14	—	— 6	— 9	— 10	— 1
	Sommer ...		— 12	— 14	— 21	—	— 19	— 13	— 28	— 12
	Herbst ...		— 5	+ 17	— 2	—	+ 16	— 22	— 9	+ 4

Pflanzen.

mittl. Eintritt der Entwickl.-Phasen für Giessen.	Der Pflanzen		Eintritt der Entwickl.-Phasen im Jahre 1894 an den Stationen:							
	Namen.	Art der Entwickl.-Phase.	Gross-Bieberau H.	Gross-Steinheim H.	Gross-Umstadt a. H.	Gross-Umstadt b. H.	Habichtswald P.	Hagenau E.	Hainbach H.	Haisterbach H.
11.2	Coryl. avell.	e. B.	14.2	5.2	4.3	26.2	16.2	6.2	11.3	15.2
15.3	Alnus glut.	e. B.	—	27.2	14.3	20.3	18.3	16.2	23.3	25.3
6.4	Larix europ.	e. B.	—	3.4	20.3	29.3	3.4	26.3	30.3	8.4
10.4	Aesculus hipp.	B. O. s.	—	9.4	2.4	12.4	4.4	2.3	13.4	20.4
12.4	Ribes gross.	e. B.	28.3	9.4	4.4	5.4	—	5.3	5.4	21.4
13.4	Acer plat.	e. B.	—	11.4	6.4	—	—	8.3	7.4	24.4
14.4	Ribes rub.	e. B.	30.3	9.4	2.4	5.4	—	7.3	10.4	24.4
14.4	Tilia grand.	B. O. s.	2.4	10.4	7.4	10.4	8.4	10.3	10.4	20.4
17.4	Larix europ.	B. O. s.	—	8.4	25.3	1.4	4.4	29.3	3.4	14.4
17.4	Betula alba	e. B.	—	9.4	3.4	6.4	8.4	8.3	10.4	25.4
18.4	Prunus avium	e. B.	2.4	6.4	1.4	6.4	8.4	4.3	8.4	27.4
18.4	Betula alba	B. O. s.	6.4	10.4	1.4	4.4	9.4	10.3	8.4	26.4
19.4	Prunus spin.	e. B.	—	10.4	2.4	7.4	9.4	2.3	11.4	24.4
19-21.4	Carpinus bet.	B.O.s.-e.B.	—	14.4	12.4	9.4	8.4	6.3-10.3	9.4	20.4
20.4	Aesculus hipp.	a. Bel.	8.4	9.4	8.4	—	8.4	10.3	16.4	20.4
—	Betula pub.	B. O. s.	—	9.4	—	—	—	—	—	22.4
—	Betula pub.	e. B.	—	9.4	—	—	—	—	—	25.4
21.4	Fraxinus exc.	e. B.	4.4	10.4	9.4	—	10.4	18.4	11.4	20.4
23.4	Prunus pad.	e. B.	—	11.4	—	—	10.4	—	—	28.4
23.4	Pyrus comm.	e. B.	4.4	11.4	6.4	9.4	10.4	7.4	12.4	28.4
24.4	Fagus sylv.	B. O. s.	6.4	12.4	6.4	13.4	10.4	17.4	11.4	26.4
28.4	Pyrus mal.	e. B.	10.4	12.4	12.4	14.4	13.4	12.4	15.4	28.4
1.5	Vitis vinif.	B. O. s.	15.4	—	12.4	13.4	—	12.4	16.4	1.5
1.5	Quercus ped.	B. O. s.	15.4	19.4	13.4	10.4	13.4	9.4	23.4	4.5
—	Quercus sess.	B. O. s.	—	19.4	13.4	12.4	—	12.4	—	4.5
2.5	Acer pseud.	e. B.	—	20.4	14.4	—	13.4	25.4	24.4	28.4
3.5	Fagus sylv.	Bu. gr.	20.4	14.4	16.4	20.4	19.4	1.5	24.4	6.5
3.5	Abies pect.	B. O. s.	—	24.4	20.4	22.4	20.4	20.4	1.5	12.5
4.5	Syringa vulg.	e. B.	20.4	—	22.4	12.4	—	25.4	26.4	—
5.5	Abies excel.	B. O. s.	20.4	22.4	22.4	18.4	19.4	15.4	20.4	10.5
—	Quercus ped.	Beg.d.Sch.	—	—	—	—	20.4	—	—	8.5
—	Quercus sess.	Beg.d.Sch.	—	—	—	—	—	—	—	8.5
6.5	Aesculus hipp.	e. B.	24.4	14.4	18.4	14.4	20.4	20.4	27.4	16.5
9.5	Crataegus ox.	e. B.	4.5	15.4	24.4	26.4	20.4	25.4	30.4	14.5
12.5	Quercus ped.	e. B.	—	25.4	24.4	22.4	21.4	14.4	4.5	20.5
—	Quercus sess.	e. B.	—	25.4	24.4	22.4	—	14.4	—	20.5
12.5	Spartium scop.	e. B.	—	28.4	22.4	27.5	24.4	24.4	—	20.5
14.5	Quercus ped.	Ei. gr.	8.5	26.4	20.4	27.4	25.4	26.4	8.5	14.5

Pflanzen.

mittl. Eintritt der Entwickl.-Phasen für Giessen.	Der Pflanzen Namen.	Art der Entwickl.-Phase.	Eintritt der Entwickl.-Phasen im Jahre 1894 an den Stationen:							
			Gross-Bieberau H.	Gross-Steinheim H.	Gross-Umstadt a. H.	Gross-Umstadt b. H.	Habichtswald P.	Hagenau E.	Hainbach H.	Haisterbach H.
—	Quercus sess.	Ei. gr.	—	26. 4	20. 4	27. 4	—	28. 4	—	14. 5
15. 5	Cytisus lab.	e. B.	—	—	6. 5	—	25. 4	4. 5	—	—
16. 5	Sorbus aucup.	e. B.	—	4. 5	—	16. 5	26. 4	2. 5	13. 5	20. 5
17. 5	Pinus sylv.	e. B.	10. 5	4. 5	8. 5	10. 5	26. 4	25. 4	12. 5	18. 5
28. 5	Sambucus nig.	e. B.	—	15. 5	22. 5	20. 5	—	18. 5	22. 5	28. 5
28. 5	Secale cer. hib.	e. B.	20. 5	20. 5	16. 5	20. 5	7. 5	19. 5	20. 5	1. 6
31. 5	Pinus sylv.	B. O. s.	6. 5	26. 5	30. 4	8. 5	24. 4	24. 4	25. 4	21. 5
31. 5	Rubus id.	e. B.	—	20. 5	20. 5	20. 5	15. 5	26. 5	28. 5	6. 6
2. 6	Robinia pseud.	e. B.	28. 5	20. 5	23. 5	25. 5	—	20. 5	—	—
14. 6	Vitis vinif.	e. B.	18. 6	—	24. 6	30. 6	—	12. 6	5. 6	18. 6
14. 6	Tritic.vulg. hib.	e. B.	20. 6	2. 6	16. 6	12. 6	24. 6	10. 6	19. 6	1. 7
19. 6	Ligustrum vulg.	e. B.	—	—	14. 6	18. 6	—	12. 6	—	—
20. 6	Ribes rub.	e. F.	15. 6	1. 6	17. 6	22. 6	—	15. 6	12. 6	22. 5
22. 6	Tilia grand.	e. B.	21. 6	1. 7	24. 6	30. 6	30. 6	15. 6	14. 6	10. 6
28. 6	Tilia parv.	e. B.	—	4. 7	28. 6	—	1. 7	17. 6	20. 6	14. 6
29. 6	Avena sat.	e. B.	1. 7	4. 7	20. 6	28. 6	2. 7	23. 6	22. 6	10. 7
3. 7	Rubus id.	e. F.	—	5. 7	6. 7	6. 7	14. 7	22. 6	2. 7	8. 7
6. 7	Prunus pad.	e. F.	—	5. 7	—	—	10. 7	20. 6	—	5. 7
19. 7	Secale cer. hib.	Anf. d. E.	—	20. 7	20. 7	17. 7	24. 7	12. 7	21. 7	27. 7
31. 7	Sorbus aucup.	e. F.	—	1. 8	28. 7	25. 7	8. 8	28. 7	27. 7	4. 8
2. 8	Sambucus nig.	e. F.	—	26. 8	14. 8	10. 8	—	16. 8	14. 8	14. 8
4. 8	Tritic.vulg. hib.	Anf. d. E.	—	28. 8	30. 7	6. 8	12. 8	28. 7	10. 8	10. 8
9. 8	Avena sat.	Anf. d. E.	—	17. 8	1. 8	4. 8	21. 8	20. 8	12. 8	15. 9
10. 9	Ligustrum vulg.	e. F.	—	—	12. 9	12. 9	—	6. 9	—	—
17. 9	Aesculus hipp.	e. F.	—	20. 9	19. 9	13. 9	18. 9	26. 9	—	18. 9
20. 9	Quercus ped.	e. F.	—	22. 9	7. 9	8. 9	19. 9	28. 9	28. 9	25. 9
—	Quercus sess.	e. F.	—	—	7. 9	8. 9	—	1. 10	—	25. 9
28. 9	Sorbus aucup.	a. L. V.	—	24. 9	10. 9	6. 9	12. 9	15. 9	23. 9	20. 9
10. 10	Aesculus hipp.	a. L. V.	15. 10	15. 10	29. 9	22. 9	6. 10	2. 10	—	15. 10
13. 10	Betula alba	a. L. V.	25. 10	13. 10	19. 10	24. 10	7. 10	8. 10	12. 10	22. 10
—	Betula pub.	a. L. V.	—	13. 10	—	—	—	—	—	20. 10
14. 10	Fagus sylv.	a. L. V.	28. 10	17. 10	6. 10	9. 10	8. 10	10. 10	13. 10	24. 10
19. 10	Quercus ped.	a. L. V.	28. 10	26. 10	24. 10	26. 10	15. 10	12. 10	25. 10	26. 10
—	Quercus sess.	a. L. V.	—	26. 10	24. 10	26. 10	—	12. 10	—	26. 10
21. 10	Larix europ.	a. L. V.	20. 10	14. 10	20. 10	28. 10	6. 10	8. 10	15. 10	18. 10
Durchschnittliche Eintrittszeit der Phänomene für { Frühjahr ..			+6	+1	+6	+2	+3	+23	—2	—16
Sommer ...			—	—14	—14	—11	—18	—6	—15	—21
Herbst ...			—17	—7	—8	—13	±0	—1	—6	—14

Pflanzen.

| mittl. Eintritt der Entwickl.-Phasen für Giessen. | Der Pflanzen | | Eintritt der Entwickl.-Phasen im Jahre 1894 an den Stationen: | | | | | | | |
	Namen.	Art der Entwickl. Phase.	Harzburg Br.	Hasselfelde Br.	Hasenthal Th.	Heiligkreuz H.	Heimburg Br.	Heinrichsruh bei Schleiz Th.	Heldburg Th.	Heubach H.
11. 2	Coryl. avell.	e. B.	3. 3	—	—	9. 2	2. 3	—	11. 3	1. 3
15. 3	Alnus glut.	e. B.	12. 3	—	5. 4	—	3. 3	—	—	17. 3
6. 4	Larix europ.	e. B.	5. 4	—	—	27. 3	24. 3	10. 4	11. 4	30. 3
10. 4	Aesculus hipp.	B. O. s.	13. 4	—	25. 4	10. 4	7. 4	10. 4	—	—
12. 4	Ribes gross.	e. B.	12. 4	15. 4	22. 4	—	7. 4	12. 4	1. 4	3. 4
13. 4	Acer plat.	e. B.	14. 4	13. 4	30. 4	—	7. 4	12. 4	1. 4	—
14. 4	Ribes rub.	e. B.	15. 4	21. 4	23. 4	10. 4	·7. 4	16. 4	—	3. 4
14. 4	Tilia grand.	B. O. s.	20. 4	25. 4	11. 5	18. 4	12. 4	22. 4	1. 5	7. 4
17. 4	Larix europ.	B. O. s.	10. 4	10. 4	—	3. 4	26. 3	12. 4	—	2. 4
17. 4	Betula alba	e. B.	25. 4	15. 4	28. 4	5. 4	15. 4	17. 4	—	3. 4
18. 4	Prunus avium	e. B.	16. 4	15. 4	5. 5	8. 4	12. 4	23. 4	—	5. 4
18. 4	Betula alba	B. O. s.	25. 4	15. 4	7. 5	8. 4	15. 4	14. 4	—	5. 4
19. 4	Prunus spin.	e. B.	30. 4	18. 4	—	8. 4	10. 4	18. 4	18. 4	4. 4
19-21.4	Carpinus bet.	B.O.s.-e.B.	22. 4	18. 4	—	4. 4	12. 4	25. 4	—	8. 4
20. 4	Aesculus hipp.	a. Bel.	22. 4	—	—	18. 4	15. 4	20. 4	—	—
—	Betula pub.	B. O. s.	—	—	—	5. 4	—	14. 4	—	—
—	Betula pub.	e. B.	—	—	—	5. 4	—	17. 4	—	—
21. 4	Fraxinus exc.	e. B.	19. 4	23. 4	—	—	10. 4	28. 4	—	—
23. 4	Prunus pad.	e. B.	28. 4	29. 4	—	—	—	27. 4	—	—
23. 4	Pyrus comm.	e. B.	24. 4	—	—	10. 4	20. 4	13. 4	8. 4	7. 4
24. 4	Fagus sylv.	B. O. s.	17. 4	16. 4	11. 5	9. 4	20. 4	14. 4	18. 4	11. 4
28. 4	Pyrus mal.	e. B.	27. 4	27. 4	—	16. 4	25. 4	5. 5	—	11. 4
1. 5	Vitis vinif.	B. O. s.	4. 5	—	—	—	28. 4	7. 5	—	11. 4
1. 5	Quercus ped.	B. O. s.	6. 5	28. 4	—	12. 4	28. 4	10. 5	1. 5	14. 4
—	Quercus sess.	B. O. s.	—	28. 4	—	12. 4	28. 4	10. 5	—	14. 4
2. 5	Acer pseud.	e. B.	5. 5	30. 4	20. 5	—	26. 4	10. 5	9. 5	—
3. 5	Fagus sylv.	Bu. gr.	7. 5	27. 4	19. 5	18. 4	29. 4	25. 4	8. 5	18. 4
3. 5	Abies pect.	B. O. s.	15. 5	9. 5	18. 5	1. 5	—	10. 5	—	25. 4
4. 5	Syringa vulg.	e. B.	6. 5	5. 5	24. 5	—	—	11. 5	8. 5	14. 4
5. 5	Abies excel.	B. O. s.	12. 5	26. 4	11. 5	27. 4	—	10. 5	—	25. 4
—	Quercus ped.	Beg.d.Sch.	18. 5	—	—	20. 4	—	—	1. 5	—
—	Quercus sess.	Beg.d.Sch.	18. 5	—	—	20. 4	—	—	—	—
6. 5	Aesculus hipp.	e. B.	7. 5	2. 5	—	29. 4	2. 5	11. 5	—	17. 4
9. 5	Crataegus ox.	e. B.	13. 5	11. 5	—	30. 4	28. 4	—	—	24. 4
12. 5	Quercus ped.	e. B.	16. 5	20. 5	—	2. 5	8. 5	12. 5	10. 5	24. 4
—	Quercus sess.	e. B.	16. 5	—	—	2. 5	8. 5	12. 5	—	24. 4
12. 5	Spartium scop.	e. B.	18. 5	23. 5	—	27. 4	8. 5	22. 5	—	25. 5
14. 5	Quercus ped.	Ei. gr.	28. 5	30. 5	—	26. 4	12. 5	16. 5	18. 5	24. 4

Pflanzen.

mittl. Eintritt der Entwickl.-Phasen für Giessen.	Der Pflanzen Namen.	Art der Entwickl.-Phase.	Harzburg Br.	Hasselfelde Br.	Hasenthal Th.	Heiligkreuz H.	Heimburg Br.	Heinrichsruh bei Schleiz Th.	Heldburg Th.	Heubach H.
—	Quercus sess.	Ei. gr.	—	—	—	26. 4	12. 5	16. 5	—	24. 4
15. 5	Cytisus lab.	e. B.	24. 5	—	—	—	—	15. 5	—	—
16. 5	Sorbus aucup.	e. B.	21. 5	18. 5	18. 5	20. 5	8. 5	22. 5	—	—
17. 5	Pinus sylv.	e. B.	—	—	—	16. 5	12. 5	—	—	9. 5
28. 5	Sambucus nig.	e. B.	19. 5	—	4. 6	3. 6	12. 5	—	29. 5	20. 5
28. 5	Secale cer. hib.	e. B.	2. 6	5. 6	—	—	12. 5	4. 6	1. 6	18. 5
31. 5	Pinus sylv.	B. O. s.	15. 5	—	—	14. 5	—	15. 5	—	11. 5
31. 5	Rubus id.	e. B.	8. 6	12. 6	7. 6	—	25. 5	—	—	17. 5
2. 6	Robinia pseud.	e. B.	28. 5	—	—	18. 6	—	—	—	24. 5
14. 6	Vitis vinif.	e. B.	23. 6	—	—	—	28. 5	—	—	28. 7
14. 6	Tritic. vulg. hib.	e. B.	23. 6	—	—	—	1. 6	13. 6	—	16. 7
19. 6	Ligustrum vulg.	e. B.	24. 6	—	—	—	—	—	—	16. 7
20. 6	Ribes rub.	e. F.	5. 7	10. 7	30. 6	24. 6	18. 6	—	—	20. 7
22. 6	Tilia grand.	e. B.	24. 6	16. 7	—	1. 7	12. 6	—	—	30. 7
28. 6	Tilia parv.	e. B.	—	12. 7	13. 7	6. 7	12. 6	—	—	—
29. 6	Avena sat.	e. B.	6. 7	—	3. 7	—	15. 6	25. 6	—	30. 7
3. 7	Rubus id.	e. F.	11. 7	10. 7	16. 7	—	2. 7	—	—	4. 7
6. 7	Prunus pad.	e. F.	10. 7	—	—	—	—	—	—	—
19. 7	Secale cer. hib.	Anf. d. E.	18. 7	30. 7	—	20. 7	15. 7	2. 8	20. 7	16. 7
31. 7	Sorbus aucup.	e. F.	28. 8	15. 8	11. 8	6. 8	10. 8	—	—	28. 7
2. 8	Sambucus nig.	e. F.	1. 9	18. 8	16. 9	14. 8	—	—	—	15. 8
4. 8	Tritic. vulg. hib.	Anf. d. E.	2. 8	23. 8	—	—	10. 8	10. 8	24. 7	4. 8
9. 8	Avena sat.	Anf. d. E.	20. 8	20. 8	24. 8	—	10. 8	10. 8	10. 8	1. 8
10. 9	Ligustrum vulg.	e. F.	6. 9	—	—	—	—	—	—	10. 9
17. 9	Aesculus hipp.	e. F.	24. 9	—	—	—	3. 10	—	—	16. 9
20. 9	Quercus ped.	e. F.	28. 9	15. 9	—	17. 9	—	28. 9	—	4. 9
—	Quercus sess.	e. F.	28. 9	—	—	17. 9	—	—	—	4. 9
28. 9	Sorbus aucup.	a. L. V.	15. 9	18. 9	15. 9	13. 9	29. 8	22. 9	—	9. 9
10. 10	Aesculus hipp.	a. L. V.	14. 10	—	—	4. 10	10. 10	18. 10	—	27. 9
13. 10	Betula alba	a. L. V.	18. 10	—	—	5. 10	—	22. 10	—	25. 10
—	Betula pub.	a. L. V.	—	28. 9	—	—	—	22. 10	—	—
14. 10	Fagus sylv.	a. L. V.	22. 10	—	19. 10	5. 10	14. 10	28. 10	—	3. 10
19. 10	Quercus ped.	a. L. V.	26. 10	—	—	8. 10	—	—	—	25. 10
—	Quercus sess.	a. L. V.	26. 10	—	—	8. 10	—	—	—	25. 10
21. 10	Larix europ.	a. L. V.	14. 10	—	—	6. 10	—	27. 10	—	—
Durchschnittliche (Frühjahr . .			— 13	— 11	— 24	± 0	— 6	— 11	— 1	+ 4
Eintrittszeit der { Sommer . . .			— 12	— 24	—	— 14	— 9	— 27	— 14	— 10
Phänomene für (Herbst . . .			— 11	—	— 7	+ 3	— 2	— 18	—	— 5

— 32 —

Pflanzen.

mittl. Eintritt der Entwickl.-Phasen für Giessen.	Der Pflanzen Namen.	Art der Entwickl.-Phase.	Heyda Th.	Hilders P.	Hirschkopf E.	Hohenheim W.	Hohenholte P.	Hollerath P.	Hüppelröttchen P.	Hürtgen b. Düren P.
11. 2	Coryl. avell.	e. B.	2. 3	14. 3	27. 2	12. 2	14. 2	15. 2	7. 2	20. 3
15. 3	Alnus glut.	e. B.	13. 3	25. 3	28. 3	15. 3	—	—	8. 3	14. 3
6. 4	Larix europ.	e. B.	30. 3	26. 4	18. 4	2. 4	—	—	26. 3	1. 4
10. 4	Aesculus hipp.	B. O. s.	16. 4	—	26. 4	11. 4	3. 4	—	3. 4	—
12. 4	Ribes gross.	e. B.	12. 4	10. 4	24. 4	6. 4	2. 4	8. 4	3. 4	2. 4
13. 4	Acer plat.	e. B.	—	12. 4	23. 4	2. 4	—	—	—	21. 4
14. 4	Ribes rub.	e. B.	12. 4	6. 4	23. 4	6. 4	3. 4	8. 4	5. 4	18. 4
14. 4	Tilia grand.	B. O. s.	29. 4	8. 4	24. 4	13. 4	12. 4	—	8. 4	28. 4
17. 4	Larix europ.	B. O. s.	10. 4	1. 5	21. 4	4. 4	2. 4	—	30. 3	1. 4
17. 4	Betula alba	e. B.	15. 4	—	—	10. 4	6. 4	—	8. 4	18. 4
18. 4	Prunus avium	e. B.	16. 4	11. 4	25. 4	8. 4	4. 4	—	8. 4	5. 4
18. 4	Betula alba	B. O. s.	15. 4	—	27. 4	11. 4	11. 4	—	8. 4	6. 4
19. 4	Prunus spin.	e. B.	14. 4	8. 4	25. 4	6. 4	8. 4	13. 4	12. 4	5. 4
19-21.4	Carpinus bet.	B.O.s.-e.B.	—	10. 4	26. 4	10. 4	4. 4	—	6. 4	9. 4
20. 4	Aesculus hipp.	a. Bel.	10. 5	—	27. 4	18. 4	12. 4	—	8. 4	—
—	Betula pub.	B. O. s.	—	—	—	11. 4	10. 4	—	—	—
—	Betula pub.	e. B.	—	—	—	10. 4	—	—	5. 4	—
21. 4	Fraxinus exc.	e. B.	—	8. 5	26. 4	10. 4	6. 4	—	—	7. 4
23. 4	Prunus pad.	e. B.	—	—	—	11. 4	—	—	9. 4	3. 5
23. 4	Pyrus comm.	e. B.	28. 4	18. 4	—	11. 4	12. 4	—	13. 4	7. 5
24. 4	Fagus sylv.	B. O. s.	23. 4	8. 4	27. 4	12. 4	14. 4	25. 4	15. 4	18. 4
28. 4	Pyrus mal.	e. B.	28. 4	20. 4	6. 5	15. 4	15. 4	—	—	4. 5
1. 5	Vitis vinif.	B. O. s.	—	—	—	16. 4	—	—	—	—
1. 5	Quercus ped.	B. O. s.	15. 5	—	9. 5	18. 4	16. 4	9. 6	21. 4	16. 4
—	Quercus sess.	B. O. s.	18. 5	10. 5	—	21. 4	16. 4	—	—	16. 4
2. 5	Acer pseud.	e. B.	12. 5	22. 4	9. 5	20. 4	—	—	21. 4	12. 5
3. 5	Fagus sylv.	Bu. gr.	—	20. 4	8. 5	27. 4	18. 4	6. 5	1. 5	26. 4
3. 5	Abies pect.	B. O. s.	—	15. 5	19. 5	30. 4	28. 4	—	5. 5	12. 5
4. 5	Syringa vulg.	e. B.	9. 5	15. 5	10. 5	21. 4	—	—	—	—
5. 5	Abies excel.	B. O. s.	—	1. 5	10. 5	27. 4	26. 4	3. 7	28. 4	12. 5
—	Quercus ped.	Beg.d.Sch.	11. 5	—	—	26. 4	—	4. 5	10. 5	28. 4
—	Quercus sess.	Beg.d.Sch.	—	—	—	26. 4	—	—	—	—
6. 5	Aesculus hipp.	e. B.	—	—	11. 5	21. 4	1. 5	—	30. 4	—
9. 5	Crataegus ox.	e. B.	—	12. 5	13. 5	1. 5	4. 5	25. 4	5. 5	14. 5
12. 5	Quercus ped.	e. B.	—	—	20. 5	2. 5	25. 4	—	4. 5	8. 5
—	Quercus sess.	e. B.	—	22. 5	—	—	25. 4	—	8. 5	8. 5
12. 5	Spartium scop.	e. B.	—	—	25. 5	5. 5	—	25. 4	9. 5	8. 5
14. 5	Quercus ped.	Ei. gr.	—	—	22. 5	2. 5	29. 4	25. 5	10. 5	12. 5

Pflanzen.

mittl. Eintritt der Entwickl.-Phasen für Giessen.	Der Pflanzen Namen.	Art der Entwickl.-Phase.	Eintritt der Entwickl.-Phasen im Jahre 1894 an den Stationen:							
			Heyda Th.	Hilders P.	Hirschkopf E.	Hohenheim W.	Hohenholte P.	Hollerath P.	Hüppelröttchen P.	Hürtgen b. Düren P.
—	Quercus sess.	Ei. gr.	—	—	22. 5	2. 5	—	—	10. 5	12. 5
15. 5	Cytisus lab.	e. B.	—	—	—	9. 5	—	—	10. 5	—
16. 5	Sorbus aucup.	e. B.	13. 5	22. 5	24. 5	9. 5	—	16. 5	11. 5	18. 5
17. 5	Pinus sylv.	e. B.	17. 5	—	23. 5	10. 5	2. 5	—	8. 5	25. 5
28. 5	Sambucus nig.	e. B.	22. 5	26. 5	4. 6	18. 5	12. 5	—	18. 5	13. 6
28. 5	Secale cer. hib.	e. B.	9. 5	15. 5	5. 6	21. 5	26. 5	29. 6	19. 5	11. 6
31. 5	Pinus sylv.	B. O. s.	—	28. 5	—	8. 5	—	—	8. 5	20. 5
31. 5	Rubus id.	e. B.	—	12. 5	12. 6	25. 5	2. 6	15. 6	29. 5	5. 6
2. 6	Robinia pseud.	e. B.	—	—	9. 6	25. 5	—	—	29. 5	—
14. 6	Vitis vinif.	e. B.	—	—	—	20. 5	6. 6	—	—	—
14. 6	Tritic.vulg.hib.	e. B.	20. 7	10. 7	—	—	10. 6	—	—	28. 6
19. 6	Ligustrum vulg.	e. B.	—	—	—	23. 5	—	—	—	—
20. 6	Ribes rub.	e. B.	18. 6	11. 7	21. 6	22. 5	14. 6	2. 7	10. 6	27. 6
22. 6	Tilia grand.	e. B.	—	2. 7	25. 6	1. 7	18. 6	—	—	14. 6
28. 6	Tilia parv.	e. B.	—	5. 7	30. 6	5. 7	25. 6	—	—	—
29. 6	Avena sat.	e. B.	—	18. 7	13. 7	10. 7	26. 6	29. 7	24. 6	8. 7
3. 7	Rubus id.	e. F.	—	15. 7	12. 7	10. 7	1. 7	25. 7	1. 7	24. 6
6. 7	Prunus pad.	e. F.	—	—	10. 7	9. 7	—	—	—	29. 7
19. 7	Secale cer. hib.	Anf. d. E.	30. 7	28. 7	30. 7	28. 7	24. 7	17. 8	18. 7	27. 6
31. 7	Sorbus aucup.	e. F.	5. 8	10. 8	13. 8	9. 8	26. 7	18. 8	28. 7	6. 9
2. 8	Sambucus nig.	e. F.	16. 8	30. 8	18. 8	20. 8	—	—	—	2. 8
4. 8	Tritic.vulg.hib.	Anf. d. E.	24. 8	20. 8	—	13. 8	2. 8	—	—	5. 9
9. 8	Avena sat.	Anf. d. E.	28. 8	31. 8	18. 8	28. 8	6. 8	1. 9	6. 8	18. 8
10. 9	Ligustrum vulg.	e. F.	—	—	—	16. 8	—	—	—	—
17. 9	Aesculus hipp.	e. F.	—	—	21. 9	8. 9	19. 9	—	21. 9	—
20. 9	Quercus ped.	e. F.	—	—	30. 9	15. 9	25. 9	—	29. 9	18. 10
—	Quercus sess.	e. F.	18. 10	8. 10	—	15. 9	25. 9	—	—	18. 10
28. 9	Sorbus aucup.	a. L. V.	—	25. 9	18. 9	6. 9	10. 9	1. 10	21. 9	10. 10
10. 10	Aesculus hipp.	a. L. V.	20. 10	—	13. 9	1. 10	10. 10	—	18. 10	—
13. 10	Betula alba	a. L. V.	—	—	15. 10	2. 10	15. 10	—	18. 10	26. 10
—	Betula pub.	a. L. V.	—	—	—	2. 10	—	—	—	—
14. 10	Fagus sylv.	a. L. V.	18. 10	22. 10	19. 10	1. 10	13. 10	15. 10	18. 10	25. 10
19. 10	Quercus ped.	a. L. V.	—	—	24. 10	16. 10	18. 10	12. 10	25. 10	20. 10
—	Quercus sess.	a. L. V.	—	22. 10	—	16. 10	18. 10	—	25. 10	20. 10
21. 10	Larix europ.	a. L. V.	—	2. 11	15. 10	3. 10	15. 10	—	16. 10	25. 10
Durchschnittliche (Frühjahr ..			—10	—3	—19	+1	+1	—5	±0	—11
Eintrittszeit der { Sommer ...			—24	—22	—24	—22	—18	—42	—12	+9
Phänomene für (Herbst ...			—6	—19	—9	+5	—7	—3	—10	—18

Pflanzen.

mittl. Eintritt der Entwickl.-Phasen für Giessen.	Der Pflanzen Namen.	Art der Entwickl.-Phase.	Eintritt der Entwickl.-Phasen im Jahre 1894 an den Stationen:							
			Ibenhorst P.	St. Johann P.	Johannisburg P.	Judenbach Th.	Karlsruhe B.	Kenzingen B.	Kirchberg P.	Klein-Briesen P.
11. 2	Coryl. avell.	e. B.	12. 3	1. 3	10. 2	14. 3	8. 2	12. 2	12. 2	10. 2
15. 3	Alnus glut.	e. B.	20. 3	17. 3	10. 3	2. 4	16. 3	13. 3	10. 3	22. 2
6. 4	Larix europ.	e. B.	20. 4	30. 3	30. 3	—	1. 4	6. 4	27. 3	3. 4
10. 4	Aesculus hipp.	B. O s.	24. 4	4. 4	—	—	1. 4	5. 4	3. 4	1. 5
12. 4	Ribes gross.	e. B.	18. 4	11. 4	6. 4	18. 4	1. 4	4. 4	30. 3	16. 4
13. 4	Acer plat.	e. B.	6. 5	1. 4	7. 4	19. 4	3. 4	7. 4	5. 4	16. 4
14. 4	Ribes rub.	e. B.	22. 4	—	—	—	3. 4	8. 4	2. 4	14. 4
14. 4	Tilia grand.	B. O. s.	14 4	12. 4	8. 4	—	10. 4	11. 4	4. 4	20. 4
17. 4	Larix europ.	B. O. s.	24. 4	2. 4	6. 4	—	7. 4	9. 4	31. 3	10. 4
17. 4	Betula alba	e. B.	16. 4	6. 4	8. 4	—	10. 4	8. 4	10. 4	20. 4
18. 4	Prunus avium	e. B.	28. 4	6. 4	—	24. 4	12. 4	6. 4	8. 4	16. 4
18. 4	Betula alba	B. O. s.	18. 4	6. 4	—	—	5. 4	8. 4	12. 4	18. 4
19. 4	Prunus spin.	e. B.	—	7. 4	—	—	25. 3	12. 4	5. 4	16. 4
19-21.4	Carpinus bet.	B.O.s.-e.B.	—	12. 4	9. 4	—	10. 4	9. 4	28. 4	22. 4
20. 4	Aesculus hipp.	a. Bel.	30. 4	13. 4	—	—	10. 4	20. 4	10. 4	18. 4
—	Betula pub.	B. O. s.	20. 4	—	—	—	10. 4	6. 4	—	—
—	Betula pub.	e. B.	—	—	—	—	10. 4	8. 4	—	—
21. 4	Fraxinus exc.	e. B.	1. 5	7. 4	12. 4	—	20. 4	11. 4	14. 4	18. 4
23. 4	Prunus pad.	e. B.	2. 5	—	—	—	20. 4	16. 4	27. 4	18. 4
23. 4	Pyrus comm.	e. B.	2. 5	6. 4	8. 4	—	12. 4	8. 4	15. 4	18. 4
24. 4	Fagus sylv.	B. O. s.	—	11. 4	—	20. 4	15. 4	12. 4	20. 4	—
28. 4	Pyrus mal.	e. B.	8. 5	14. 4	17. 4	—	18. 4	12. 4	25. 4	3. 5
1. 5	Vitis vinif.	B. O. s.	—	—	15. 4	—	15. 4	16. 4	—	6. 5
1. 5	Quercus ped.	B. O. s.	8. 5	11. 4	26. 4	—	15. 4	30. 4	12. 5	30. 4
—	Quercus sess.	B. O. s.	—	—	—	—	15. 4	30. 4	12. 5	30. 4
2. 5	Acer pseud.	e. B.	—	10. 4	22. 4	—	20. 4	27. 4	8. 5	28. 4
3. 5	Fagus sylv.	Bu. gr.	—	20. 4	20. 4	6. 5	25. 4	20. 4	10. 5	—
3. 5	Abies pect.	B. O. s.	—	—	—	—	1. 5	—	12. 5	—
4. 5	Syringa vulg.	e. B.	10. 5	12. 4	—	—	16. 4	1. 5	9. 5	10. 5
5. 5	Abies excel.	B. O. s.	16. 5	—	26. 4	—	16. 4	2. 5	11. 5	18. 5
—	Quercus ped.	Beg.d.Sch.	—	—	—	—	—	1. 5	7. 5	6. 5
—	Quercus sess.	Beg.d.Sch.	—	—	—	—	—	1. 5	7. 5	6. 5
6. 5	Aesculus hipp.	e. B.	—	16. 4	—	—	22. 4	4. 5	8. 5	10 5
9. 5	Crataegus ox.	e. B.	—	30. 4	5. 5	—	22. 4	4. 5	11. 5	12. 5
12. 5	Quercus ped.	e. B.	15. 5	20. 4	8. 5	—	—	9. 5	19. 5	30. 4
—	Quercus sess.	e. B.	—	—	—	—	—	7. 5	22. 5	30. 4
12. 5	Spartium scop.	e. B.	—	13. 4	—	—	—	4. 5	12. 5	—
14. 5	Quercus ped.	Ei. gr.	18. 5	27. 4	5. 5	—	28. 4	14. 5	22. 5	—

Pflanzen.

mittl. Eintritt der Entwickl.-Phasen für Giessen.	Der Pflanzen		Eintritt der Entwickl.-Phasen im Jahre 1894 an den Stationen:							
	Namen.	Art der Entwickl.-Phase.	Ibenhorst P.	St. Johann P.	Johannisburg P.	Judenbach Th.	Karlsruhe B.	Kenzingen B.	Kirchberg P.	Klein-Briesen P.
—	Quercus sess.	Ei. gr.	—	—	—	—	28. 4	14. 5	22. 5	—
15. 5	Cytisus lab.	e. B.	16. 5	24. 4	10. 5	—	—	10. 5	22. 5	—
16. 5	Sorbus aucup.	e. B.	15. 5	30. 5	—	—	—	6. 5	19. 5	20. 5
17. 5	Pinus sylv.	e. B.	13. 5	10. 5	17. 5	—	—	8. 5	25. 5	—
28. 5	Sambucus nig.	e. B.	1. 6	29. 5	4. 6	—	20. 5	16. 5	2. 6	20. 5
28. 5	Secale cer. hib.	e. B.	28. 5	20. 5	6. 6	—	18. 5	24. 5	25. 5	20. 5
31. 5	Pinus sylv.	B. O. s.	10. 5	—	10. 5	—	2. 5	6. 5	10. 5	—
31. 5	Rubus id.	e. B.	10. 6	30. 5	6. 6	—	25. 5	30. 5	3. 6	6. 6
2. 6	Robinia pseud.	e. B.	—	20. 5	—	—	22. 5	29. 5	—	—
14. 6	Vitis vinif.	e. B.	—	—	15. 6	—	1. 6	11. 5	—	25. 6
14. 6	Tritic. vulg. hib.	e. B.	18. 6	—	—	—	7. 6	10. 5	23. 6	25. 6
19. 6	Ligustrum vulg.	e. B.	—	24. 6	—	—	10. 6	12. 5	—	—
20. 6	Ribes rub.	e. F.	18. 6	20. 6	25. 6	—	20. 6	14. 5	7. 7	6. 7
22. 6	Tilia grand.	e. B.	8. 7	20. 6	25. 6	—	15. 6	11. 5	26. 6	4. 7
28. 6	Tilia parv.	e. B.	16. 7	—	—	—	17. 6	18. 5	30. 6	10. 7
29. 6	Avena sat.	e. B.	10. 7	—	30. 6	—	20. 6	28. 5	6. 7	30. 6
3. 7	Rubus id.	e. F.	20. 7	1. 7	6. 7	—	28. 6	1. 7	15. 7	8. 7
6. 7	Prunus pad.	e. F.	—	—	—	—	6. 7	2. 7	8. 7	—
19. 7	Secale cer. hib.	Anf. d. E.	26. 7	15. 7	20. 7	—	10. 7	14. 7	3. 8	22. 7
31. 7	Sorbus aucup.	e. F.	10. 8	—	5. 8	—	—	—	15. 8	29. 7
2. 8	Sambucus nig.	e. F.	30. 8	10. 8	11. 8	—	5. 8	4. 8	20. 8	28. 8
4. 8	Tritic. vulg. hib.	Anf. d. E.	16. 8	—	—	—	30. 7	22. 7	16. 8	2. 8
9. 8	Avena sat.	Anf. d. E.	6. 8	—	12. 8	—	1. 8	20. 7	21. 8	10. 8
10. 9	Ligustrum vulg.	e. F.	18. 8	—	—	—	22. 8	29. 8	—	—
17. 9	Aesculus hipp.	e. F.	16. 9	15. 9	—	—	25. 9	15. 9	—	25. 9
20. 9	Quercus ped.	e. F.	10. 9	20. 9	10. 9	—	—	14. 9	26. 9	30. 9
—	Quercus sess.	e. F.	—	—	15. 9	—	—	25. 9	26. 9	30. 9
28. 9	Sorbus aucup.	a. L. V.	22. 8	—	—	—	—	15. 7	10. 9	25. 9
10. 10	Aesculus hipp.	a. L. V.	28. 9	12. 10	—	—	2. 10	18. 10	12. 10	6. 10
13. 10	Betula alba	a. L. V.	25. 9	—	20. 10	—	12. 10	18. 10	20. 10	16. 10
—	Betula pub.	a. L. V.	—	—	—	—	—	—	—	—
14. 10	Fagus sylv.	a. L. V.	—	13. 10	25. 10	—	—	16. 10	23. 10	—
19. 10	Quercus ped.	a. L. V.	30. 9	18. 10	31. 10	—	—	15. 10	20. 10	18. 10
—	Quercus sess.	a. L. V.	—	—	—	—	—	17. 10	20. 10	20. 10
21. 10	Larix europ.	a. L. V.	28. 9	—	20. 10	—	12. 10	—	15. 10	26. 10
Durchschnittliche Eintrittszeit der Phänomene für	Frühjahr ..		— 17	+ 3	+ 2	— 18	+ 1	+ ½	— 6	— 10
	Sommer ...		— 20	— 9	— 14	—	— 4	— 8	— 28	— 16
	Herbst ...		+ 8	— 1	— 14	—	— 7	— 8	— 12	— 16

Pflanzen.

mittl. Eintritt der Entwickl.-Phasen für Giessen.	Der Pflanzen Namen.	Art der Entwickl.-Phase.	Königsthal (Bliedungen I) P.	Königsthal (Bliedungen II) P.	Kottwitz P.	Kröckelbach H.	Kurwien P.	Kyllburg P.	Lahnhof P.	Lahr B.
11. 2	Coryl. avell.	e. B.	10. 2	10. 2	12. 2	10. 2	15. 3	14. 2	13. 3	8. 2
15. 3	Alnus glut.	e. B.	15. 3	15. 3	10. 3	—	24. 3	23. 3	4. 4	1. 3
6. 4	Larix europ.	e. B.	10. 4	8. 4	—	28. 3	12. 4	28. 4	3. 4	20. 3
10. 4	Aesculus hipp.	B. O. s.	10. 4	10. 4	6. 4	—	19. 4	10. 4	—	25. 3
12. 4	Ribes gross.	e. B.	4. 4	9. 4	13. 4	—	18. 4	8. 4	11. 4	28. 3
13. 4	Acer plat.	e. B.	14. 4	15. 4	14. 4	—	25. 4	—	—	—
14. 4	Ribes rub.	e. B.	10. 4	9. 4	13. 4	—	18. 4	8. 4	13. 4	—
14. 4	Tilia grand.	B. O. s.	21 4	22. 4	15. 4	—	25. 4	10. 4	—	1. 4
17. 4	Larix europ.	B. O. s.	10. 4	9. 4	—	4. 4	14. 4	2. 4	6. 4	—
17. 4	Betula alba	e. B.	4. 4	5. 4	20. 4	14. 4	26. 4	10. 4	18. 4	1. 4
18. 4	Prunus avium	e. B.	12. 4	11. 4	11. 4	—	—	10. 4	23. 4	—
18. 4	Betula alba	B. O. s.	6. 4	7. 4	24. 4	—	25. 4	16. 4	20. 4	—
19. 4	Prunus spin.	e. B.	12. 4	11. 4	16. 4	—	—	15. 4	26. 4	—
19-21.4	Carpinus bet.	B.O.s.-e.B.	10. 4	9. 4	15. 4	—	27. 4	15. 4	12. 4	—
20. 4	Aesculus hipp.	a. Bel.	18. 4	19. 4	13. 4	—	—	20. 4	—	—
—	Betula pub.	B. O. s.	—	—	12. 4	—	21. 4	—	—	—
—	Betula pub.	e. B.	—	—	12. 4	—	26. 4	—	—	—
21. 4	Fraxinus exc.	e. B.	12. 4	12. 4	14. 4	—	—	16. 4	28. 4	18. 4
23. 4	Prunus pad.	e. B.	18. 4	20. 4	23. 4	—	29. 4	16. 4	24. 4	15. 4
23. 4	Pyrus comm.	e. B.	16. 4	17. 4	18. 4	—	27. 4	16. 4	—	10. 4
24. 4	Fagus sylv.	B. O. s.	10. 4	9. 4	—	—	—	13. 4	23. 4	10. 4
28. 4	Pyrus mal.	e. B.	—	—	20. 4	—	2. 5	20. 4	1. 5	19. 4
1. 5	Vitis vinif.	B. O. s.	4. 5	4. 5	22. 4	—	3. 5	4. 5	—	—
1. 5	Quercus ped.	B. O. s.	28. 4	27. 4	25. 4	—	8. 5	25. 4	29. 4	—
—	Quercus sess.	B. O. s.	28. 4	28. 4	29. 4	—	8. 5	25. 4	2. 5	—
2. 5	Acer pseud.	e. B.	26. 4	27. 4	26. 4	—	6. 5	—	3. 5	—
3. 5	Fagus sylv.	Bu. gr.	20. 4	19. 4	—	—	—	24. 4	30. 4	18. 4
3. 5	Abies pect.	B. O. s.	8. 5	9. 5	—	—	—	2. 5	10. 5	—
4. 5	Syringa vulg.	e. B.	22. 4	23. 4	30. 4	—	12. 5	—	—	15. 4
5. 5	Abies excel.	B. O. s.	9. 5	9. 5	1. 5	—	—	10. 4	4. 5	20. 4
—	Quercus ped.	Beg.d.Sch.	—	—	30. 4	—	—	11. 5	10. 5	—
—	Quercus sess.	Beg.d.Sch.	—	—	30. 4	—	—	11. 5	10. 5	—
6. 5	Aesculus hipp.	e. B.	29. 4	28. 4	2. 5	—	13. 5	15. 5	—	20. 4
9. 5	Crataegus ox.	e. B.	6. 5	8. 5	6. 5	—	—	4. 5	8. 5	24. 4
12. 5	Quercus ped.	e. B.	8. 5	6. 5	6. 5	—	18. 5	2. 5	10. 5	1. 5
—	Quercus sess.	e. B.	8. 5	6. 5	8. 5	—	18. 5	2. 5	10. 5	—
12. 5	Spartium scop.	e. B.	—	—	—	15. 5	—	6. 5	—	7. 5
14. 5	Quercus ped.	Ei. gr.	13. 5	14. 5	12. 5	5. 5	—	13. 5	18. 5	10. 5

Pflanzen.

mittl. Eintritt der Entwickl.-Phasen für Giessen.	Der Pflanzen		Eintritt der Entwickl.-Phasen im Jahre 1894 an den Stationen:							
	Namen.	Art der Entwickl. Phase.	Königsthal (Bliedungen I) P.	Königsthal (Bliedungen II) P.	Kottwitz P.	Kröckelbach H.	Kurwien P.	Kyllburg P.	Lahnhof P.	Lahr B.
—	Quercus sess.	Ei. gr.	13. 5	14. 5	12. 5	5. 5	—	13. 5	18. 5	—
15. 5	Cytisus lab.	e. B.	—	15. 5	8. 5	—	—	—	—	—
16. 5	Sorbus aucup.	e. B.	10. 5	12. 5	7. 5	—	14. 5	8. 5	17. 5	15. 5
17. 5	Pinus sylv.	e. B.	14. 5	14. 5	16. 5	—	16. 5	20. 5	—	—
28. 5	Sambucus nig.	e. B.	5. 6	5. 6	29. 5	—	12. 6	—	20. 6	24. 5
28. 5	Secale cer. hib.	e. B.	20. 5	20. 6	17. 5	—	26. 5	25. 5	30. 6	—
31. 5	Pinus sylv.	B. O. s.	15. 5	15. 5	9. 5	—	—	20. 5	14. 5	—
31. 5	Rubus id.	e. B.	20. 5	19. 5	4. 6	—	5. 6	30. 5	12. 6	—
2. 6	Robinia pseud.	e. B.	—	—	5. 6	—	—	—	—	3. 6
14. 6	Vitis vinif.	e. B.	15. 7	15. 7	16. 6	—	—	16. 6	—	—
14. 6	Tritic. vulg. hib.	e. B.	11. 7	12. 6	15. 6	—	—	—	—	10. 6
19. 6	Ligustrum vulg.	e. B.	—	—	20. 6	—	—	—	—	20. 6
20. 6	Ribes rub.	e. F.	27. 7	28. 6	22. 6	—	1. 7	15. 6	14. 7	18. 6
22. 6	Tilia grand.	e. B.	—	—	14. 6	—	3. 7	19. 6	—	—
28. 6	Tilia parv.	e. B.	4. 7	3. 7	—	—	7. 7	—	—	—
29. 6	Avena sat.	e. B.	12. 7	12. 7	1. 7	—	8. 7	25. 6	8. 7	—
3. 7	Rubus id.	e. F.	4. 7	4. 7	30. 6	—	15. 7	29. 6	8. 8	—
6. 7	Prunus pad.	e. F.	—	—	7. 7	—	12. 7	—	—	1. 7
19. 7	Secale cer. hib.	Anf. d. E.	20. 7	20. 7	13. 7	—	—	30. 7	26. 8	8. 7
31. 7	Sorbus aucup.	e. F.	20. 8	21. 8	25. 7	—	5. 8	—	28. 8	25. 7
2. 8	Sambucus nig.	e. F.	—	—	9. 8	—	—	—	8. 9	1. 8
4. 8	Tritic. vulg. hib.	Anf. d. E.	6. 8	7. 8	26. 7	—	—	8. 8	—	17. 7
9. 8	Avena sat.	Anf. d. E.	9. 8	10 8	4. 8	—	24. 8	16. 8	14. 9	1. 8
10. 9	Ligustrum vulg.	e. F.	—	—	4. 9	—	—	—	—	10. 9
17. 9	Aesculus hipp.	e. F.	1. 10	2. 10	22. 9	—	22. 9	14. 9	—	—
20. 9	Quercus ped.	e. F.	3. 10	3. 10	28. 9	—	—	—	—	20. 9
—	Quercus sess.	e. F.	3. 10	3. 10	28. 9	—	—	—	—	—
28. 9	Sorbus aucup.	a. L. V.	—	—	18. 9	—	16. 9	9. 9	4. 10	15. 9
10. 10	Aesculus hipp.	a. L. V.	24. 10	24. 10	15. 10	—	26. 9	28. 9	—	15. 9
13. 10	Betula alba	a. L. V.	20. 10	21. 10	20. 10	—	2. 10	2. 10	14. 10	—
—	Betula pub.	a. L. V.	—	—	20. 10	—	2. 10	—	—	—
14. 10	Fagus sylv.	a. L. V.	8. 10	9. 10	—	—	—	5. 10	12. 10	—
19. 10	Quercus ped.	a. L. V.	18. 10	18. 10	4. 11	—	3. 10	14. 10	22. 10	—
—	Quercus sess.	a. L. V.	18. 10	18. 10	4. 11	—	3. 10	14. 10	22. 10	—
21. 10	Larix europ.	a. L. V.	1. 11	2. 11	—	—	28. 9	—	18. 10	—
Durchschnittliche Eintrittszeit der Phänomene für { Frühjahr ..			— 3	— 3	— 7	— 7	— 15	— 3	— 13	+ 3
{ Sommer ...			— 14	— 14	— 7	—	—	— 24	— 51	— 2
{ Herbst ...			— 13	— 14	— 15	—	+ 5	+ 5	— 10	—

Pflanzen.

mittl. Eintritt der Entwickl.-Phasen für Giessen.	Namen.	Art der Entwickl.-Phase.	Landeck P.	Langenau W.	Lehmannsbrück Th.	St. Leon B.	Leszno b. Schönsee P.	Lich H.	Lichtenberg Br.	Lintzel P.
11.2	Coryl. avell.	e. B.	11.3	8.3	20.2	—	8.3	16.2	10.2	—
15.3	Alnus glut.	e. B.	22.3	—	18.3	—	16.3	4.3	—	—
6.4	Larix europ.	e. B.	6.4	2.4	8.4	—	22.4	9.3	25.3	25.3
10.4	Aesculus hipp.	B. O. s.	17.4	10.4	—	2.4	13.4	8.3	7.4	12.4
12.4	Ribes gross.	e. B.	12.4	9.4	8.4	26.3	10.4	31.3	4.4	14.4
13.4	Acer plat.	e. B.	—	—	—	—	—	4.4	7.4	20.4
14.4	Ribes rub.	e. B.	8.4	11.4	13.4	29.3	10.4	6.4	4.4	14.4
14.4	Tilia grand.	B. O. s.	—	—	—	—	12.4	5.4	10.4	25.4
17.4	Larix europ.	B. O. s.	15.4	6.4	12.4	26.3	28 4	28.3	28.3	14.4
17.4	Betula alba	e. B.	17.4	6.4	18.4	—	15.4	6.4	7.4	16.4
18.4	Prunus avium	e. B.	24.4	14.4	—	2.4	6.5	6.4	9.4	15.4
18.4	Betula alba	B. O. s.	17.4	13.4	21.4	—	15.4	9.4	8.4	24.4
19.4	Prunus spin.	e. B.	—	12.4	—	4.4	20 4	8.4	11.4	23.4
19-21.4	Carpinus bet.	B.O.s.-e.B.	—	14.4	—	2.4	6.5	8.4	—	5.5
20.4	Aesculus hipp.	a. Bel.	—	16.4	—	5.4	19.4	15.4	15.4	28.4
—	Betula pub.	B. O. s.	—	—	—	—	—	—	—	—
—	Betula pub.	e. B.	—	—	—	—	—	9.4	—	—
21.4	Fraxinus exc.	e. B.	—	—	—	—	20.4	5.4	12.4	—
23.4	Prunus pad.	e. B.	22.4	23.4	—	—	—	10.4	16.4	—
23.4	Pyrus comm.	e. B.	28.4	23.4	—	6.4	9.5	10.4	14.4	23.4
24.4	Fagus sylv.	B. O. s.	1.5	16.4	20.4	4.4	—	8.4	8.4	22.4
28.4	Pyrus mal.	e. B.	28.4	29.4	—	12.4	14.5	16.4	20.4	2.5
1.5	Vitis vinif.	B. O. s.	—	26.4	—	9.4	—	14.4	21.4	10.5
1.5	Quercus ped.	B. O. s.	—	2.5	6.5	—	20.5	11.4	25.4	7.5
—	Quercus sess.	B. O. s.	—	2.5	6.5	—	16.5	13.4	26.4	—
2.5	Acer pseud.	e. B.	—	—	—	—	—	15.4	—	—
3.5	Fagus sylv.	Bu. gr.	3.5	14.5	10.5	20.4	—	9.4	19.4	10.5
3.5	Abies pect.	B. O. s.	7.5	16.5	14.5	—	—	18.4	—	11.5
4.5	Syringa vulg.	e. B.	8.5	5.5	10.5	—	18.5	14.4	30.4	11.5
5.5	Abies excel.	B. O. s.	3.5	6.5	5.5	24.4	22.5	13.4	—	4.5
—	Quercus ped.	Beg.d.Sch.	—	16.5	—	—	—	—	—	—
—	Quercus sess.	Beg.d.Sch.	—	16.5	—	—	—	—	—	—
6.5	Aesculus hipp.	e. B.	2.5	11.5	—	19.4	20.5	16.4	27.4	9.5
9.5	Crataegus ox.	e. B.	—	21.5	—	27.4	21.5	18.4	—	10.5
12.5	Quercus ped.	e. B.	—	19.5	20.5	—	20.5	20.4	—	11.5
—	Quercus sess.	e. B.	—	19.5	19.5	—	19.5	1.5	10.5	—
12.5	Spartium scop.	e. B.	—	—	—	14.4	—	8.4	—	—
14.5	Quercus ped.	Ei. gr.	3.5	21.5	24.5	—	30.5	25.5	—	18.5

Pflanzen.

mittl. Eintritt der Entwickl.-Phasen für Giessen.	Der Pflanzen Namen.	Art der Entwickl.-Phase.	Eintritt der Entwickl.-Phasen im Jahre 1894 an den Stationen:							
			Landeck P.	Langenau W.	Lehmannsbrück Th.	St. Leon B.	Leszno b. Schönsee P.	Lich H.	Lichtenberg Br.	Lintzel P.
—	Quercus sess.	Ei. gr.	—	21. 5	24. 5	—	26. 5	25. 5	—	—
15. 5	Cytisus lab.	e. B.	—	—	—	—	—	29. 4	10. 5	—
16. 5	Sorbus aucup.	e. B.	12. 5	19. 5	16. 5	—	28. 5	4. 5	30. 4	19. 5
17. 5	Pinus sylv.	e. B.	13. 5	—	20. 5	2. 5	26. 5	1. 5	—	—
28. 5	Sambucus nig.	e. B.	—	30. 5	6. 6	—	—	19. 5	26. 5	—
28. 5	Secale cer. hib.	e. B.	—	31. 5	30. 5	17. 5	3. 6	19. 5	26. 5	10. 6
31. 5	Pinus sylv.	B. O. s.	11. 5	—	14. 5	—	20. 5	18. 4	—	6. 6
31. 5	Rubus id.	e. B.	—	3. 6	3. 6	15. 5	7. 6	27. 5	14. 5	—
2. 6	Robinia pseud.	e. B.	—	—	—	—	7. 6	22. 5	—	10. 6
14. 6	Vitis vinif.	e. B.	—	24. 6	—	8. 5	—	4. 6	—	14. 7
14. 6	Tritic. vulg. hib.	e. B.	—	24. 6	—	—	18. 6	4. 6	20. 6	—
19. 6	Ligustrum vulg.	e. B.	—	28. 6	—	—	—	18. 6	—	—
20. 6	Ribes rub.	e. F.	—	4. 7	25. 6	10. 6	—	13. 6	23. 6	5. 7
22. 6	Tilia grand.	e. B.	—	10. 7	—	—	—	18. 6	24. 6	—
28. 6	Tilia parv.	e. B.	15. 7	14. 7	—	—	10. 7	20. 6	7. 7	—
29. 6	Avena sat.	e. B.	—	10. 7	5. 6	—	3. 7	21. 6	—	30. 6
3. 7	Rubus id.	e. F.	—	12. 7	26. 7	—	16 7	30. 6	24. 6	8. 7
6. 7	Prunus pad.	e. F.	—	11. 7	—	—	14. 7	28. 6	—	—
19. 7	Secale cer. hib.	Anf. d. E.	—	25. 7	1. 8	12. 7	17. 8	16. 7	20. 7	28. 7
31. 7	Sorbus aucup.	e. F.	—	3. 8	8. 8	—	—	20. 7	22. 8	20. 8
2. 8	Sambucus nig.	e. F.	—	8. 8	19. 8	—	—	25. 7	1. 9	20. 8
4. 8	Tritic. vulg. hib.	Anf. d. E.	—	3. 8	—	25. 7	18. 7	29. 7	3. 8	—
9. 8	Avena sat.	Anf. d. E.	—	15. 8	12. 9	—	6. 8	5. 8	4. 8	15. 8
10. 9	Ligustrum vulg.	e. F.	—	10. 9	—	—	—	29. 8	—	—
17. 9	Aesculus hipp.	e. F.	—	—	—	—	—	10. 8	—	25. 9
20. 9	Quercus ped.	e. F.	—	23. 9	6. 10	—	—	11. 8	—	—
—	Quercus sess.	e. F.	—	23. 9	6. 10	—	—	19. 8	—	—
28. 9	Sorbus aucup.	a. L. V.	—	—	10. 10	—	—	8. 8	3. 10	15. 9
10. 10	Aesculus hipp.	a. L. V.	—	18. 10	—	—	22. 10	19. 10	3. 10	15. 10
13. 10	Betula alba	a. L. V.	—	7. 10	18. 10	7. 10	22. 10	19. 10	—	25. 9
—	Betula pub.	a. L. V.	—	—	—	—	—	19. 10	—	—
14. 10	Fagus sylv.	a. L. V.	—	8. 10	23. 10	10. 10	—	19. 10	4. 10	30. 9
19. 10	Quercus ped.	a. L. V.	—	7. 10	20. 10	—	22. 10	19. 10	—	26. 10
—	Quercus sess.	a. L. V.	—	7. 10	20. 10	—	—	—	—	—
21. 10	Larix europ.	a. L. V.	—	10. 10	16. 10	—	—	19. 10	27. 10	20. 10
Durchschnittliche Eintrittszeit der Phänomene für { Frühjahr ..			— 10	— 6	— 11	+ 5	— 18	+ 2	— 2	— 11
{ Sommer ...			—	— 19	— 25	— 6	— 41	— 10	— 14	— 22
{ Herbst ...			—	— 1	— 12	± 0	— 17	— 12	— 7	+ 2

Pflanzen.

mittl. Eintritt der Entwickl.-Phasen für Giessen.	Der Pflanzen Namen.	Art der Entwickl.-Phase.	Eintritt der Entwickl.-Phasen im Jahre 1894 an den Stationen:							
			Linz P.	Lissberg H.	Lohhecken P.	Lörrach B.	Lutterbach E.	Lützelbach E.	Marienthal Br.	Meierei E.
11.2	Coryl. avell.	e. B.	1.2	22.2	12.2	—	6.2	2.2	3.4	28.2
15.3	Alnus glut.	e. B.	13.3	10.3	20.3	—	28.2	5.3	—	5.3
6.4	Larix europ.	e. B.	13.4	5.4	—	28.3	26.3	1.4	—	8.4
10.4	Aesculus hipp.	B. O. s.	3.4	12.4	15.4	—	3.4	5.4	2.4	—
12.4	Ribes gross.	e. B.	3.4	5.4	13.4	5.4	2.4	28.3	23.3	15.4
13.4	Acer plat.	e. B.	4.4	10.4	—	—	—	17.4	—	—
14.4	Ribes rub.	e. B.	4.4	5.4	15.4	—	3.4	15.4	—	15.4
14.4	Tilia grand.	B. O. s.	8.4	10.4	—	5.4	4.4	18.6	—	—
17.4	Larix europ.	B. O. s.	4.4	10.4	10.4	4.4	30.3	6.4	10.4	17.4
17.4	Betula alba	e. B.	4.4	12.4	16.4	—	—	—	—	20.4
18.4	Prunus avium	e. B.	4.4	10.4	15.4	3.4	4.4	12.4	14.4	12.4
18.4	Betula alba	B. O. s.	6.4	15.4	20.4	9.4	5.4	19.4	12.4	20.4
19.4	Prunus spin.	e. B.	5.4	15.4	15.4	3.4	4.4	8.4	14.4	—
19-21.4	Carpinus bet.	B.O.s.-e.B.	10.4	12.4	26.4	6.4	4.4	18.4	11.4	—
20.4	Aesculus hipp.	a. Bel.	10.4	20.4	23.4	—	5.4	16.4	10.4	—
—	Betula pub.	B. O. s.	—	—	—	—	—	—	12.4	—
—	Betula pub.	e. B.	—	—	—	—	—	—	—	—
21.4	Fraxinus exc.	e. B.	5.4	18.4	20.4	5.4	7.4	16.4	18.4	—
23.4	Prunus pad.	e. B.	8.4	15.4	25.4	11.4	—	—	21.4	—
23.4	Pyrus comm.	e. B.	6.4	18.4	20.4	10.4	8.4	—	—	—
24.4	Fagus sylv.	B. O. s.	5.4	15.4	30.4	11.4	8.4	14.4	16.4	1.5
28.4	Pyrus mal.	e. B.	12.4	22.4	25.4	12.4	10.4	18 4	14.4	1.5
1.5	Vitis vinif.	B. O. s.	14.4	22.4	—	13.4	10.4	18.4	3.5	—
1.5	Quercus ped.	B. O. s.	14.4	25.4	25.4	14.4	12.4	15.4	21.4	—
—	Quercus sess.	B. O. s.	18.4	25.4	25.4	—	16.4	15.4	24.4	3.5
2.5	Acer pseud.	e. B.	16.4	25.4	—	—	—	24.4	—	—
3.5	Fagus sylv.	Bu. gr.	14.4	24.4	10.5	23 4	24.4	28.4	23.4	28.4
3.5	Abies pect.	B. O. s.	26.4	5.5	19.5	26.4	—	26.4	5.5	1.5
4.5	Syringa vulg.	e. B.	14.4	—	3.4	—	—	16.4	—	—
5.5	Abies excel.	B. O. s.	25.4	1.5	28.4	30.4	25.4	20.4	7.5	12.5
—	Quercus ped.	Beg.d.Sch.	16.4	10.5	27.4	—	—	22.4	—	—
—	Quercus sess.	Beg.d.Sch.	16.4	10.5	27.4	—	—	22.4	—	28.4
6.5	Aesculus hipp.	e. B.	15.4	1.5	5.5	22.4	20.4	16.4	22.4	—
9.5	Crataegus ox.	e. B.	24.4	5.5	10.5	25.4	27.4	26.4	16.4	—
12.5	Quercus ped.	e. B.	23 4	15.5	10.5	30.4	22.4	26.4	—	—
—	Quercus sess.	e. B.	26.4	15.5	15.5	—	—	26.4	—	5.5
12.5	Spartium scop.	e. B.	13.4	—	—	—	—	4.5	—	2.4
14.5	Quercus ped.	Ei. gr.	26.4	5.5	10.5	4.5	28.4	28.4	29.4	—

Pflanzen.

| mittl. Eintritt der Entwickl.-Phasen für Giessen. | Der Pflanzen | | Eintritt der Entwickl.-Phasen im Jahre 1894 an den Stationen: | | | | | | | |
	Namen.	Art der Entwickl.-Phase.	Linz P.	Lissberg H.	Lohhecken P.	Lörrach B.	Lutterbach E.	Lützelbach E.	Marienthal Br.	Meierei E.
—	Quercus sess.	Ei. gr.	28. 4	5. 5	10. 5	—	30. 4	28. 4	29. 4	15. 5
15. 5	Cytisus lab.	e. B.	13. 4	10. 5	—	27. 4	—	20. 4	—	—
16. 5	Sorbus aucup.	e. B.	10. 5	12. 5	20. 5	7. 5	4. 5	2. 5	—	16. 5
17. 5	Pinus sylv.	e. B.	10. 5	10. 5	26. 5	3. 5	4. 5	10. 5	18. 5	20. 5
28. 5	Sambucus nig.	e. B.	20. 5	20. 5	30. 5	22. 5	18. 5	1. 5	—	16. 6
28. 5	Secale cer. hib.	e. B.	20. 5	20. 5	24. 5	13. 5	14. 5	—	21. 4	—
31. 5	Pinus sylv.	B. O. s.	26. 4	10. 5	15. 5	—	5. 5	30. 4	6. 5	—
31. 5	Rubus id.	e. B.	25. 5	25. 5	7. 6	23. 5	17. 5	20. 5	—	18. 6
2. 6	Robinia pseud.	e. B.	25. 5	25. 5	3 6	26. 5	24. 5	5. 5	20. 5	18. 6
14. 6	Vitis vinif.	e. B.	5. 6	8. 6	—	26. 6	—	25. 5	—	—
14. 6	Tritic. vulg. hib.	e. B.	21. 6	15. 6	15. 6	11. 6	15. 6	—	—	—
19. 6	Ligustrum vulg.	e. B.	15. 6	—	—	—	—	6. 6	—	—
20. 6	Ribes rub.	e. F.	10. 6	20. 6	20. 6	12. 6	17. 6	30. 5	—	28. 6
22. 6	Tilia grand.	e. B.	16. 6	25. 6	—	18. 5	20. 6	8. 6	—	—
28. 6	Tilia parv.	e. B.	22. 6	30. 6	—	24. 6	25. 6	8. 6	—	—
29. 6	Avena sat.	e. B.	29. 6	25. 6	4. 7	26. 6	1. 7	—	18. 6	—
3. 7	Rubus id.	e. F.	1. 7	30. 6	12. 7	27. 6	27. 6	17. 6	14. 6	20. 7
6. 7	Prunus pad.	e. F.	1. 7	28. 6	7. 7	—	—	—	21. 6	—
19. 7	Secale cer. hib.	Anf. d. E.	16. 7	25. 7	12. 7	—	14. 7	—	24. 7	—
31. 7	Sorbus aucup.	e. F.	1. 8	5. 8	29. 7	—	—	—	—	15. 8
2. 8	Sambucus nig.	e. F.	12. 8	18. 8	12. 8	11. 8	—	1. 8	—	2. 9
4. 8	Tritic. vulg. hib.	Anf. d. E.	28. 7	10. 8	28. 7	4. 8	30. 7	—	6. 8	—
9. 8	Avena sat.	Anf. d. E.	12. 8	20. 8	10. 8	11. 8	4. 8	—	22. 8	—
10. 9	Ligustrum vulg.	e. F.	12. 9	—	—	—	—	30. 8	—	—
17. 9	Aesculus hipp.	e. F.	15. 9	12. 9	20. 9	—	8. 9	25. 9	14. 9	—
20. 9	Quercus ped.	e. F.	1. 10	15. 9	25. 9	—	—	0	—	—
—	Quercus sess.	e. F.	4. 10	15. 9	28. 9	—	—	0	—	—
28. 9	Sorbus aucup.	a. L. V.	10. 9	15. 9	10. 9	—	—	30. 9	—	20. 9
10. 10	Aesculus hipp.	a. L. V.	24. 9	10. 10	5. 10	—	12. 10	18. 10	3. 10	—
13. 10	Betula alba	a. L. V.	26. 9	15. 10	18. 10	—	—	30. 10	—	20. 10
—	Betula pub.	a. L. V.	—	—	—	—	—	—	—	—
14. 10	Fagus sylv.	a. L. V.	1. 10	12. 10	21. 10	14. 10	12. 10	—	17. 10	20. 10
19. 10	Quercus ped.	a. L. V.	18. 10	15. 10	24. 10	14. 10	14. 10	—	20. 10	—
—	Quercus sess.	a. L. V.	18. 10	15. 10	24. 10	19. 10	14. 10	—	20. 10	27. 10
21. 10	Larix europ.	a. L. V.	24. 9	15. 10	15. 10	12. 10	12. 10	30. 10	12. 10	1. 11
Durchschnittliche Eintrittszeit der Phänomene für { Frühjahr . .			+4	—3	—8	+5	+4	—5	—3	—11
{ Sommer . . .			—10	—19	—6	—	—8	—	—18	—
{ Herbst . . .			+10	—10	—11	—4	—7	—25	—6	—17

Pflanzen.

mittl. Eintritt der Entwickl.-Phasen für Giessen.	Der Pflanzen Namen.	Art der Entwickl.-Phase.	Melkerei E.	Messkirch B.	Metzeral E.	Minden i. W. P.	Mirau P.	Mirchau P.	Mitteldick H.	Mombronn E.
11. 2	Coryl. avell.	e. B.	22. 3	25. 2	2. 2	15. 2	5. 3	3. 3	—	7. 3
15. 3	Alnus glut.	e. B.	—	16. 3	1. 3	—	19. 3	8. 4	2. 4	—
6. 4	Larix europ.	e. B.	2. 4	10. 4	3. 4	—	8. 4	14. 4	22. 3	—
10. 4	Aesculus hipp.	B. O. s.	—	24. 4	—	23. 4	9. 4	30. 4	2. 4	—
12. 4	Ribes gross.	e. B.	15. 4	18. 4	6. 4	23. 4	13. 4	16. 4	3. 4	—
13. 4	Acer plat.	e. B.	13. 4	—	8. 4	15. 4	15. 4	23. 4	—	—
14. 4	Ribes rub.	e. B.	—	18. 4	8. 4	10. 4	15. 4	30. 4	10. 4	—
14. 4	Tilia grand.	B. O. s.	—	20. 4	—	—	—	10. 5	—	—
17. 4	Larix europ.	B. O. s.	4. 4	18. 4	7. 4	26. 4	9. 4	18. 4	30. 3	1. 4
17. 4	Betula alba	e. B.	—	10. 5	11. 4	18. 4	16. 4	10. 5	5. 4	3. 4
18. 4	Prunus avium	e. B.	20. 4	24. 4	11. 4	—	20. 4	23. 4	10. 4	7. 4
18. 4	Betula alba	B. O. s.	—	26. 4	12. 4	20. 4	16. 4	25. 4	11. 4	4. 4
19. 4	Prunus spin.	e. B.	—	28. 4	12. 4	20. 4	20. 4	—	10. 4	6. 4
19-21.4	Carpinus bet.	B.O.s.-e.B.	—	24. 4	13. 4	20. 4	—	27. 4	12. 4	7. 4
20. 4	Aesculus hipp.	a. Bel.	—	7. 5	—	—	21. 4	1. 5	12. 4	—
—	Betula pub.	B. O. s.	—	8. 5	—	—	—	—	5. 4	—
—	Betula pub.	e. B.	—	—	—	—	—	—	5. 4	—
21. 4	Fraxinus exc.	e. B.	—	7. 5	15. 4	18. 4	—	—	—	—
23. 4	Prunus pad.	e. B.	—	10. 5	20. 4	—	—	—	12. 4	—
23. 4	Pyrus comm.	e. B.	—	6. 5	20. 4	—	20. 4	1. 5	11. 4	8. 4
24. 4	Fagus sylv.	B. O. s.	11. 4	9. 5	15. 4	28. 4	2. 5	4. 5	15. 4	15. 4
28. 4	Pyrus mal.	e. B.	—	10. 5	9. 5	29. 4	24. 4	10. 5	14. 4	19. 4
1. 5	Vitis vinif.	B. O. s.	—	—	—	—	—	—	14. 4	—
1. 5	Quercus ped.	B. O. s.	—	14. 5	1. 5	8. 5	25. 4	11. 5	2. 5	16. 4
—	Quercus sess.	B. O. s.	—	14. 5	1. 5	16. 5	—	11. 5	2. 5	16. 4
2. 5	Acer pseud.	e. B.	4. 5	10. 5	9. 5	—	25. 4	—	—	—
3. 5	Fagus sylv.	Bu. gr.	24. 4	9. 5	8. 5	3. 5	5. 5	14. 5	1. 5	20. 4
3. 5	Abies pect.	B. O, s.	—	26. 5	10. 5	8 5	10. 5	—	6. 5	—
4. 5	Syringa vulg.	e. B.	—	—	—	—	26. 4	20. 5	—	16. 4
5. 5	Abies excel.	B. O. s.	24. 4	20. 5	—	4. 5	2. 5	20. 5	1. 5	—
—	Quercus ped.	Beg.d.Sch.	—	15. 5	—	—	—	18. 5	—	—
—	Quercus sess.	Beg.d.Sch.	—	15. 5	—	—	—	18. 5	—	—
6. 5	Aesculus hipp.	e. B.	—	12. 5	—	8. 5	10. 5	24. 5	—	—
9. 5	Crataegus ox.	e. B.	16. 5	20. 5	10. 5	5. 5	12. 5	28. 5	4. 5	28. 4
12. 5	Quercus ped.	e. B.	—	28. 5	12. 5	—	18. 5	17. 5	10. 5	—
—	Quercus sess.	e. B.	—	—	12. 5	—	28. 5	17. 5	10. 5	—
12. 5	Spartium scop.	e. B.	—	—	12. 5	—	14. 5	—	2. 5	28. 4
14. 5	Quercus ped.	Ei. gr.	—	23. 5	15. 5	16. 5	16. 5	30. 5	5. 5	29. 4

Pflanzen.

mittl. Eintritt der Entwickl.-Phasen für Giessen.	Der Pflanzen Namen.	Art der Entwickl.-Phase.	Eintritt der Entwickl. Phasen im Jahre 1894 an den Stationen:							
			Melkerei E.	Messkirch B.	Metzeral E.	Minden i. W. P.	Mirau P.	Mirchau P.	Mitteldick H.	Mombronn E.
—	Quercus sess.	Ei. gr.	—	23. 5	15. 5	20. 5	16. 5	30. 5	5. 5	29. 4
15. 5	Cytisus lab.	e. B.	—	—	—	—	14. 5	—	—	—
16. 5	Sorbus aucup.	e. B.	28. 5	24. 5	18. 5	18. 5	—	—	—	—
17. 5	Pinus sylv.	e. B.	—	30. 5	—	—	24 5	2. 6	10. 5	15. 5
28. 5	Sambucus nig.	e. B.	—	—	2. 6	24. 5	3. 6	3. 6	25. 5	20. 5
28. 5	Secale cer. hib.	e. B.	—	4. 6	2. 6	26. 5 - 16. 6	18. 5	1. 6	24. 5	19. 5
31. 5	Pinus sylv.	B. O. s.	—	5. 6	—	—	8. 5	28. 5	3. 5	—
31. 5	Rubus id.	e. B.	8. 5	6. 6	3. 6	29. 5	5. 6	5. 6	10. 6	—
2. 6	Robinia pseud.	e. B.	—	—	—	—	3. 6	—	25. 5	—
14. 6	Vitis vinif.	e. B.	—	—	—	—	—	—	18. 6	—
14. 6	Tritic. vulg. hib.	e. B.	—	28. 6	22. 6	15. 6	16. 6	—	—	18. 6
19. 6	Ligustrum vulg.	e. B.	—	—	—	—	—	—	—	—
20. 6	Ribes rub	e. F.	—	1. 8	25. 6	29. 6	—	13. 7	1. 7	17. 6
22. 6	Tilia grand.	e. B.	—	—	26. 6	15. 6	—	14. 7	—	—
28. 6	Tilia parv.	e. B.	—	18. 7	1. 7	22. 6	2. 7	26. 7	—	—
29. 6	Avena sat.	e. B.	—	18. 7	—	5. 7	3. 7	25. 7	—	29. 6
3. 7	Rubus id.	e. F.	14. 8	26. 7	10. 7	12. 7	5. 7	30. 7	10. 7	—
6. 7	Prunus pad.	e. F.	—	16. 7	—	—	—	—	1. 7	—
19. 7	Secale cer. hib.	Anf. d. E.	—	1. 8	1. 8	5. 8	—	26. 7	16. 7	19. 7
31. 7	Sorbus aucup.	e. F.	10. 9	16. 8	10. 8	12. 9	—	—	—	—
2. 8	Sambucus nig.	e. F.	—	—	5. 9	25. 8	—	—	—	—
4. 8	Tritic. vulg. hib.	Anf. d. E.	—	4. 8	15. 8	20. 8	—	—	—	6. 8
9. 8	Avena sat.	Anf. d. E.	—	14. 8	—	22. 8	30. 7	20. 8	—	15. 8
10. 9	Ligustrum vulg.	e. F.	—	—	—	—	—	—	—	—
17. 9	Aesculus hipp.	e. F.	—	20. 9	—	20. 9	18. 9	4. 10	—	—
20. 9	Quercus ped.	e. F.	—	24. 9	—	—	16. 9	2. 10	1. 10	—
—	Quercus sess.	e. F.	—	—	—	—	21. 9	2. 10	1. 10	—
28. 9	Sorbus aucup.	a. L. V.	2. 10	16. 9	—	25. 9	—	—	—	—
10. 10	Aesculus hipp.	a. L. V.	—	10. 10	—	9. 10	14. 10	9. 10	—	—
13. 10	Betula alba	a. L. V.	—	12. 10	12. 10	15. 10	19. 10	9. 10	25. 10	20. 10
—	Betula pub.	a. L. V.	—	—	—	—	—	—	25. 10	—
14. 10	Fagus sylv.	a. L. V.	14. 10	12. 10	14. 10	15. 10	—	9. 10	20. 10	20. 10
19. 10	Quercus ped.	a. L. V.	—	21. 10	20. 10	25. 10	19. 10	15. 10	24. 10	23. 10
—	Quercus sess.	a. L. V.	—	—	20. 10	25. 10	—	15. 10	24. 10	23. 10
21. 10	Larix europ.	a. L. V.	22. 10	10. 10	10. 10	15. 10	15. 10	11. 10	18. 10	19. 10
Durchschnittliche Eintrittszeit der Phänomene für {	Frühjahr . .		— 14	— 22	— 7	— 10	— 10	— 24	± 0	+ 2
	Sommer . . .		—	— 26	— 26	— 30	—	— 20	— 10	— 13
	Herbst . . .		— 9	— 6	— 4	— 7	— 12	— 2	— 14	— 12

Pflanzen.

| mittl. Eintritt der Entwickl.-Phasen für Giessen. | Der Pflanzen | | Eintritt der Entwickl.-Phasen im Jahre 1894 an den Stationen: | | | | | | | |
	Namen.	Art der Entwickl.-Phase.	Mosbach B.	Nesselgrund P.	Neuenheerse P.	Neuhaus P.	Neupfalz P.	Neustadt a. R. Th.	Neu-Sternberg P.	Nidda H.
11.2	Coryl. avell.	e. B.	1.3	1.3	15.2	—	12.2	—	10.3	14.2
15.3	Alnus glut.	e. B.	—	17.3	3.3	—	14.3	—	10.3	—
6.4	Larix europ.	e. B.	10.4	9.4	25.3	30.3	26.3	—	5.4	19.3
10.4	Aesculus hipp.	B. O. s.	6.4	18.4	8.4	17.4	10.4	—	28.4	2.4
12.4	Ribes gross.	e. B.	7.4	20.4	8.4	12,4	24.3	17.4	13.4	4.4
13.4	Acer plat.	e. B.	—	23.4	6.4	20.4	—	14.4	19.4	2.4
14.4	Ribes rub.	e. B.	7.4	—	3.4	20.4	9.4	20.4	15.4	5.4
14.4	Tilia grand.	B. O. s.	12.4	25.4	16.4	18.4	8.4	—	—	—
17.4	Larix europ.	B. O. s.	15.4	23.4	2.4	13.4	2.4	—	15.4	28.3
17.4	Betula alba	e. B.	—	20.4	14.4	—	2.4	—	4.5	—
18.4	Prunus avium	e. B.	10.4	25.4	8.4	—	8.4	25.4	—	2.4
18.4	Betula alba	B. O. s.	—	30.4	14.4	16.4	3.4	—	6.5	—
19.4	Prunus spin.	e. B.	1.4	—	11.4	19.4	8.4	—	—	4.4
19-21.4	Carpinus bet.	B.O.s.-e.B.	10.4	—	10.4	16.4	10.4	—	20.4	4.4
20.4	Aesculus hipp.	a. Bel.	11.4	29.4	19.4	20.4	14.4	—	1.5	10.4
—	Betula pub.	B. O. s.	—	—	—	—	—	—	2.5	—
—	Betula pub.	e. B.	—	—	—	—	—	—	2.5	—
21.4	Fraxinus exc.	e. B.	—	—	8.4	—	10.4	26.4	6.5	—
23.4	Prunus pad.	e. B.	—	—	16.4	—	6 4	—	10.5	—
23.4	Pyrus comm.	e. B.	7.4	30.4	10.4	28.4	9.4	—	19.5	9.4
24.4	Fagus sylv.	B. O. s.	9.4	1.5	8.4	17.4	7.4	25.4	—	10.4
28.4	Pyrus mal.	e. B.	12.4	3.5	3.4	30.4	8.4	—	14.5	11.4
1.5	Vitis vinif.	B. O. s.	15.4	—	19.4	1.5	—	—	—	9.4
1.5	Quercus ped.	B. O. s.	15.4	13.5	25.4	3.5	12.4	—	16.5	—
—	Quercus sess.	B. O. s.	—	—	—	—	19.4	—	—	—
2.5	Acer pseud.	e. B.	—	10.5	19.4	—	23.4	—	—	16.4
3.5	Fagus sylv.	Bu. gr.	15.4	—	18.4	30.4	14.4	7.5	—	—
3.5	Abies pect.	B. O. s.	—	22.5	19.4	—	13.4	15.5	20.5	—
4.5	Syringa vulg.	e. B.	18.4	—	25.4	5.5	16.4	—	19.5	—
5.5	Abies excel.	B. O. s.	25.4	13.5	25.4	4.5	12.4	11.5	18.5	—
—	Quercus ped.	Beg.d.Sch.	23.4	—	—	—	25.4	—	—	—
—	Quercus sess.	Beg.d.Sch.	—	—	—	—	25.4	—	—	—
6.5	Aesculus hipp.	e. B.	17.4	21.5	8.4	3.5	14.4	—	18.5	17.4
9.5	Crataegus ox.	e. B.	19.4	—	6.5	7.5	5.5	—	—	22.4
12.5	Quercus ped.	e. B.	10.5	—	27.4	—	7.5	—	18.5	—
—	Quercus sess.	e. B.	10.5	—	1.5	7.5	16.5	—	—	—
12.5	Spartium scop.	e. B.	—	—	—	—	22.4	—	—	—
14.5	Quercus ped.	Ei. gr.	12.5	—	8.5	—	23.4	—	20.5	—

Pflanzen.

mittl. Eintritt der Entwickl.-Phasen für Giessen.	Der Pflanzen Namen.	Art der Entwickl.-Phase.	Eintritt der Entwickl.-Phasen im Jahre 1894 an den Stationen:							
			Mosbach B.	Nesselgrund P.	Neuenheerse P.	Neuhaus P.	Neupfalz P.	Neustadt a. R. Th.	Neu-Sternberg P.	Nidda H.
—	Quercus sess.	Ei. gr.	12.5	—	—	—	6.5	—	—	—
15.5	Cytisus lab.	e. B.	—	—	15.5	—	—	—	—	—
16.5	Sorbus aucup.	e. B.	—	—	19.4	9.5	22.5	17.5	27.5	—
17.5	Pinus sylv.	e. B.	12.5	28.5	19.5	8.5	20.5	—	—	1.5
28.5	Sambucus nig.	e. B.	—	5.6	1.6	4.6	9.6	9.6	—	15.5
28.5	Secale cer. hib.	e. B.	24.5	5.6	6.6	22.5	19.5	—	1.6	13.5
31.5	Pinus sylv.	B. O. s.	10.5	25.5	20.4	—	26.4	—	—	—
31.5	Rubus id.	e. B.	—	7.6	4.6	28.4	8.6	3.6	12.6	—
2.6	Robinia pseud.	e. B.	—	—	1.7	2.6	2.6	—	—	—
14.6	Vitis vinif.	e. B.	12.6	—	16.5	24.4	25.6	—	—	—
14.6	Tritic.vulg.hib.	e. B.	—	—	20.6	—	25.6	—	16.6	—
19.6	Ligustrum vulg.	e. B.	—	—	—	—	25.6	—	—	15.5
20.6	Ribes rub.	e. F.	24.6	—	15.6	26.6	26.6	3.7	8.7	—
22.6	Tilia grand.	e. B.	21.6	30.6	1.7	26.6	2.7	—	—	—
28.6	Tilia parv.	e. B.	27.6	2.7	5.7	—	7.7	—	5.7	—
29.6	Avena sat.	e. B.	—	—	1.7	—	2.7	2.7	6.7	—
3.7	Rubus id.	e. F.	—	8.8	3.7	—	6.7	15.7	15.7	—
6.7	Prunus pad.	e. F.	—	—	10.7	—	—	—	6.7	—
19.7	Secale cer. hib.	Anf. d. E.	30.7	15.8	10.8	25.6	23.7	—	26.7	11.7
31.7	Sorbus aucup.	e. F.	—	—	1.8	—	31.7	10.8	—	—
2.8	Sambucus nig.	e. F.	—	—	20.8	—	15.8	7.9	—	—
4.8	Tritic.vulg.hib.	Anf. d. E.	6.8	—	18.8	—	9.8	—	14.8	—
9.8	Avena sat.	Anf. d. E.	16.8	20.8	1.9	—	4.8	26.8	17.8	—
10.9	Ligustrum vulg.	e. F.	—	—	—	—	—	—	—	5.9
17.9	Aesculus hipp.	e. F.	24.9	3.11	10.9	16.9	20.10	—	—	—
20.9	Quercus ped.	e. F.	28.9	—	24.9	10.9	1.10	—	22.9	—
—	Quercus sess.	e. F.	28.9	—	1.10	10.9	5.10	—	—	—
28.9	Sorbus aucup.	a. L. V.	—	—	14.9	—	15.10	12.9	22.9	—
10.10	Aesculus hipp.	a. L. V.	20.10	—	24.9	6.10	15.9	—	—	—
13.10	Betula alba	a. L. V.	25.10	—	29.9	30.9	10.10	—	1.10	—
—	Betula pub.	a. L. V.	—	—	—	—	—	—	1.10	—
14.10	Fagus sylv.	a. L. V.	25.10	—	20.9	24.9	20.10	6.10	—	—
19.10	Quercus ped.	a. L. V.	30.10	—	14.10	1.10	25.10	—	3.10	—
—	Quercus sess.	a. L. V.	30.10	—	14.10	1.10	25.10	—	—	—
21.10	Larix europ.	a. L. V.	25.10	—	—	—	20.10	—	22.9	—
Durchschnittliche Eintrittszeit der Phänomene für { Frühjahr ..			+2	—16	+1	—14	+3	—18	—25	+3
Sommer ...			—24	—40	—35	+11	—17	—	—20	—5
Herbst ...			—18	—	+14	+11	—9	+6	+8	—

Pflanzen.

mittl. Eintritt der Entwickl.-Phasen für Giessen.	Namen.	Art der Entwickl.-Phase.	Oberems P.	Ober-Klingen H.	Obernkirchen P.	Ober-Rosbach H.	Oberspier Th.	Oliva b. Danzig P.	Paruschowitz P.	St. Peter E.
11. 2	Coryl. avell.	e. B.	14. 2	28. 2	13. 2	2. 2	24. 2	28. 3	11. 3	15. 2
15. 3	Alnus glut.	e. B.	18. 3	14. 3	1. 4	—	28. 2	25. 3	14. 3	12. 3
6. 4	Larix europ.	e. B.	3. 4	28. 3	5. 4	28. 3	26. 3	5. 4	5. 4	4. 4
10. 4	Aesculus hipp.	B. O. s.	14. 4	4. 4	17. 4	5. 4	6. 4	22. 4	15 4	12. 4
12. 4	Ribes gross.	e. B.	11. 4	5. 4	18. 4	1. 4	1. 4	25. 4	14. 4	8. 4
13. 4	Acer plat.	e. B.	—	—	16. 4	—	6. 4	24. 4	15. 4	7. 4
14. 4	Ribes rub.	e. B.	11. 4	7. 4	16. 4	5. 4	8. 4	25. 4	16. 4	7. 4
14. 4	Tilia grand.	B. O. s.	15. 4	8. 4	30. 4	7. 4	9. 4	26. 4	16. 4	20. 4
17. 4	Larix europ.	B. O. s.	10. 4	2. 4	—	1. 4	3. 4	28. 3	13. 4	8. 4
17. 4	Betula alba	e. B.	15. 4	11. 4	27. 4	3. 4	4. 4	—	16. 4	12. 4
18. 4	Prunus avium	e. B.	15. 4	6. 4	1. 5	4. 4	10. 4	25. 4	18. 4	9. 4
18. 4	Betula alba	B. O. s.	15. 4	10. 4	2. 5	5. 4	9. 4	22. 4	19. 4	9. 4
19. 4	Prunus spin.	e. B.	11. 4	6. 4	28. 4	7. 4	12 4	—	20. 4	9. 4
19-21.4	Carpinus bet.	B.O.s.-e.B.	16. 4	11. 4	25. 4	--	4. 4	26. 4	17. 4	11. 4 - 20. 4
20. 4	Aesculus hipp.	a. Bel.	21. 4	10. 4	2. 5	10. 4	18. 4	8. 5	25. 4	20. 4
—	Betula pub.	B. O. s.	—	9. 4	21. 4	—	—	8. 5	16. 4	12. 4
—	Betula pub.	e. B.	—	11. 4	21. 4	—	—	—	16. 4	12. 4
21. 4	Fraxinus exc.	e. B.	23. 4	7. 4	4. 5	12. 4	13. 4	12. 5	21. 4	9. 4
23. 4	Prunus pad.	e. B.	—	8 4	4. 5	—	16. 4	—	25. 4	9. 4
23. 4	Pyrus comm.	e. B.	—	9. 4	8. 5	8. 4	17. 4	25. 4	24. 4	27. 4
24. 4	Fagus sylv.	B. O. s.	16. 4	10. 4	7. 5	5. 4	8. 4	17. 4	20. 4	10. 4
28. 4	Pyrus mal.	e. B.	—	15. 4	11. 5	12. 4	20. 4	29. 4	29. 4	27. 4
1. 5	Vitis vinif.	B. O. s.	—	22. 4	—	10. 4	22. 4	13. 5	28. 4	—
1. 5	Quercus ped.	B. O. s.	4. 5	22. 4	14. 5	9. 4	23. 4	1. 5	2. 5	10. 5
—	Quercus sess.	B. O. s.	4. 5	22. 4	14. 5	9. 4	—	1. 5	2. 5	10. 5
2. 5	Acer pseud.	e. B.	3. 5	22. 4	7. 5	14. 4	19. 4	5. 5	—	10. 5
3. 5	Fagus sylv.	Bu. gr.	21. 4	20. 4	11. 5	16. 4	8. 5	30. 4	—	28. 4
3. 5	Abies pect.	B. O. s.	10. 5	1. 5	17. 5	—	6. 5	—	7. 5	12. 5
4. 5	Syringa vulg.	e. B.	—	24. 4	17. 5	—	21. 4	—	2. 5	1. 5
5. 5	Abies excel.	B. O. s.	7. 5	25. 4	10. 5	—	20. 4	8. 5	10. 5	15. 4
—	Quercus ped.	Beg.d.Sch.	—	1. 5	—	18. 4	—	—	—	6. 5
—	Quercus sess.	Beg.d.Sch.	4. 5	1. 5	—	18. 4	—	—	—	6. 5
6. 5	Aesculus hipp.	e. B.	8. 5	27. 4	20. 5	16. 4	26. 4	12 5	2. 5	8. 5
9. 5	Crataegus ox.	e. B.	10. 5	1. 5	20. 5	17. 4	9. 5	25. 5	8. 5	12. 5
12. 5	Quercus ped.	e. B.	—	25. 4	20. 5	—	18. 5	20. 5	10. 5	15. 5
—	Quercus sess.	e. B.	15. 5	25. 4	20. 5	—	—	20. 5	10. 5	15. 5
12. 5	Spartium scop.	e. B.	11. 5	—	—	19. 4	—	12. 5	15. 5	—
14. 5	Quercus ped.	Ei. gr.	—	29. 4	27. 5	20. 4	25. 5	26. 5	16. 5	16. 5

Pflanzen.

mittl. Eintritt der Entwickl.-Phasen für Giessen.	Namen.	Art der Entwickl.-Phase.	Oberems P.	Ober-Klingen H.	Obernkirchen P.	Ober-Roshach H.	Oberspier Th.	Oliva b. Danzig P.	Paruschowitz P.	St. Peter E.
—	Quercus sess.	Ei. gr.	17. 5	29. 4	27. 5	20. 4	—	26. 5	16. 5	16. 5
15. 5	Cytisus lab.	e. B.	—	—	25. 5	27. 4	16. 5	—	—	15. 5
16. 5	Sorbus aucup.	e. B.	16. 5	9. 5	25. 5	—	20. 5	1. 6	10. 5	19. 5
17. 5	Pinus sylv.	e. B.	18. 5	9. 5	24. 5	—	—	1. 6	17. 5	16. 5
28. 5	Sambucus nig.	e. B.	4. 6	20. 5	3. 6	—	20. 5	15. 6	18. 5	8. 6
28. 5	Secale cer. hib.	e. B.	10. 6	14. 5	15. 5	26. 5	18. 5	12. 6	18. 5	7. 6
31. 5	Pinus sylv.	B. O. s.	16. 5	26. 4	20. 5	—	20. 5	12. 5	15. 5	15. 5
31. 5	Rubus id.	e. B.	10. 6	29. 5	7. 6	—	24. 5	15. 6	22. 5	2. 6
2. 6	Robinia pseud.	e. B.	—	22. 5	7. 6	—	21. 5	12. 6	29. 5	4. 6
14. 6	Vitis vinif.	e. B.	—	10. 6	—	—	10. 6	20. 6	—	—
14. 6	Tritic.vulg.hib.	e. B.	—	10. 6	19. 6	—	15. 6	19. 6	—	20. 6
19. 6	Ligustrum vulg.	e. B.	—	17. 6	27. 6	—	—	21. 6	24. 6	26. 6
20. 6	Ribes rub.	e. F.	13. 7	18. 6	28. 6	—	18. 6	4. 6	24. 6	21. 6
22. 6	Tilia grand.	e. B.	6. 7	19. 6	21. 6	—	28. 6	24. 6	—	26. 6
28. 6	Tilia parv.	e. B.	—	21. 6	5. 7	—	1. 7	4. 7	2. 7	28. 6
29. 6	Avena sat.	e. B.	5. 7	20. 6	2. 7	—	26. 6	2. 7	29. 6	1. 7
3. 7	Rubus id.	e. F.	8. 7	27. 6	6. 7	—	2. 7	18. 6	5. 7	10. 7
6. 7	Prunus pad.	e. F.	—	27. 6	—	—	—	—	5. 7	1. 7
19. 7	Secale cer. hib.	Anf. d. E.	8. 8	19. 7	29. 7	18. 7	24. 7	20. 6	13. 7	18. 7
31. 7	Sorbus aucup.	e. F.	6. 8	26. 7	30. 7	—	4. 8	—	3. 8	1. 8
2. 8	Sambucus nig.	e. F.	28. 8	10. 8	12. 8	—	20. 8	12. 8	12. 8	20. 8
4. 8	Tritic.vulg.hib.	Anf. d. E.	—	28. 7	3. 8	2. 8	4. 8	—	—	10. 8
9. 8	Avena sat.	Anf. d. E.	16. 8	2. 8	9. 8	—	6. 8	5. 8	4. 8	24. 8
10. 9	Ligustrum vulg.	e. F.	—	7. 9	—	—	—	—	—	6. 9
17. 9	Aesculus hipp.	e. F.	25. 9	13. 9	21. 9	—	12. 9	1. 10	27. 9	20. 9
20. 9	Quercus ped.	e. F.	—	14. 9	21. 10	—	20. 9	28. 9	—	25. 9
—	Quercus sess.	e. F.	15 10	—	21. 10	—	—	—	—	25. 9
28. 9	Sorbus aucup.	a. L. V.	17. 9	10. 9	12. 9	—	18. 9	19. 9	—	15. 9
10. 10	Aesculus hipp.	a. L. V.	21. 10	14. 10	10. 10	—	25. 9	—	10. 10	4. 10
13. 10	Betula alba	a. L. V.	16. 10	—	5. 10	—	8. 10	8. 10	8. 10	4. 10
—	Betula pub.	a. L. V.	—	—	5. 10	—	—	—	8. 10	4. 10
14. 10	Fagus sylv.	a. L. V.	5. 10	—	17. 10	—	10. 10	8. 10	1. 10	4. 10
19. 10	Quercus ped.	a. L. V.	—	—	24. 10	—	14. 10	8. 10	1. 10	10. 10
—	Quercus sess.	a. L. V.	18. 10	—	24. 10	—	—	8. 10	1. 10	10. 10
21. 10	Larix europ.	a. L. V.	8. 10	—	11. 10	—	24. 9	15. 10	20. 10	4. 10
Durchschnittliche Eintrittszeit der Phänomene für	Frühjahr ..		− 7	+ 2	− 20	+ 3	− 2	− 16	− 11	− 4
	Sommer ...		− 33	− 13	− 23	− 12	− 18	+ 16	− 7	− 12
	Herbst ...		− 2	—	− 5	—	+ 3	− 3	− 2	+ 3

Pflanzen.

mittl. Eintritt der Entwickl.-Phasen für Giessen.	Der Pflanzen Namen.	Art der Entwickl.-Phase.	Eintritt der Entwickl.-Phasen im Jahre 1894 an den Stationen:							
			Pfeil P.	Pflanzgarten P.	Pöllwitz Th.	Porcelette E.	Proskau P. [Pomolog. Inst.]	Proskau P.	Rathsfeld Th.	Ratzeburg P.
11. 2	Coryl. avell.	e. B.	25. 2	25. 2	3. 3	18. 2	16. 3	15. 2	8. 2	2. 3
15. 3	Alnus glut.	e. B.	23. 3	20. 3	22. 3	—	22. 3	18. 3	—	21. 3
6. 4	Larix europ.	e. B.	11. 4	5. 4	2. 4	31. 3	10. 4	5. 4	1. 4	6. 4
10. 4	Aesculus hipp.	B. O. s.	21. 4	10. 4	10. 4	12. 4	19. 4	12. 4	7. 4	—
12. 4	Ribes gross.	e. B.	23. 4	10. 4	5. 4	5. 4	13. 4	7. 4	5. 4	16. 4
13. 4	Acer plat.	e. B.	22. 4	10. 4	6. 4	—	10 4	8. 4	8. 4	21. 4
14. 4	Ribes rub.	e. B.	26. 4	10. 4	8. 4	9. 4	16. 4	12. 4	4. 4	18. 4
14. 4	Tilia grand.	B. O. s.	28. 4	18. 4	20. 4	—	18. 4	18. 4	13. 4	—
17. 4	Larix europ.	B. O. s.	20. 4	9. 4	10. 4	6. 4	10. 4	10. 4	6. 4	12. 4
17. 4	Betula alba	e. B.	27. 4	18. 4	10. 4	14. 4	10. 4	12. 4	8. 4	19. 4
18. 4	Prunus avium	e. B.	5. 5	15. 4	20. 4	14. 4	15. 4	16. 4	10. 4	1. 5
18. 4	Betula alba	B. O. s.	2. 5	18. 4	15. 4	15. 4	10. 4	15. 4	6. 4	21. 4
19. 4	Prunus spin.	e. B.	29. 4	19. 4	25. 4	15. 4	17. 4	10. 4	10. 4	—
19-21.4	Carpinus bet.	B.O.s.-e.B.	26. 4	20. 4	20. 4	12. 4	17. 4	20. 4	13. 4	—
20. 4	Aesculus hipp.	a. Bel.	3. 5	20. 4	25. 4	15. 4	23. 4	15. 4	16. 4	—
—	Betula pub.	B. O. s.	30. 4	21. 4	10. 4	—	12. 4	—	6. 4	—
—	Betula pub.	e. B.	28. 4	18. 4	10. 4	—	12. 4	—	8. 4	—
21. 4	Fraxinus exc.	e. B.	3. 5	16. 4	2. 5	17. 4	19. 4	18. 4	10. 4	—
23. 4	Prunus pad.	e. B.	4 5	18. 4	10. 5	—	20. 4	18. 4	—	30. 4
23. 4	Pyrus comm.	e. B.	6. 5	19. 4	5. 5	20. 4	19. 4	17. 4	19. 4	—
24. 4	Fagus sylv.	B. O. s.	10. 5	24. 4	20. 4	26. 4	20. 4	20. 4	12. 4	—
28. 4	Pyrus mal.	e. B.	14. 5	30. 4	20. 4	25. 4	24. 4	20. 4	10. 4	3. 5
1. 5	Vitis vinif.	B. O. s.	20. 5	4. 5	—	—	20. 4	20. 4	12. 4	—
1. 5	Quercus ped.	B. O. s.	16. 5	5. 5	5. 5	2. 5	26. 4	1. 5	27. 4	3. 5
—	Quercus sess.	B. O. s.	13. 5	6. 5	5. 5	—	24. 4	1. 5	27. 4	3. 5
2. 5	Acer pseud.	e. B.	10. 5	5. 5	25. 4	28. 4	26. 4	27. 4	22. 4	4. 5
3. 5	Fagus sylv.	Bu. gr.	—	2. 5	10. 5	30. 4	4. 5	2. 5	28. 4	—
3. 5	Abies pect.	B. O. s.	25. 5	10. 5	10. 5	—	6. 5	4. 5	1. 5	—
4. 5	Syringa vulg.	e. B.	16. 5	10. 5	10. 5	27. 4	29. 4	1. 5	24. 4	—
5. 5	Abies excel.	B. O. s.	18. 5	7. 5	12. 5	—	30. 4	2. 5	28. 4	—
—	Quercus ped.	Beg.d.Sch.	—	—	—	—	—	—	23. 4	—
—	Quercus sess.	Beg.d.Sch.	—	—	—	—	—	—	23. 4	—
6. 5	Aesculus hipp.	e. B.	24. 5	10. 5	10. 5	5. 5	3. 5	2. 5	27. 4	—
9. 5	Crataegus ox.	e. B.	23. 5	10. 5	5. 5	5. 5	4. 5	4. 5	2. 5	—
12. 5	Quercus ped.	e. B.	23. 5	10. 5	20. 5	8. 5	2. 5	2. 5	30. 4	21. 5
—	Quercus sess.	e. B.	27. 5	—	20. 5	8. 5	4. 5	2. 5	30. 4	24. 5
12. 5	Spartium scop.	e. B.	—	10. 5	25. 5	8. 5	18. 5	19. 5	3. 5	—
14. 5	Quercus ped.	Ei. gr.	4. 6	15. 5	20. 5	12. 5	—	4. 5	6. 5	—

Pflanzen.

mittl. Eintritt der Entwickl.-Phasen für Giessen.	Der Pflanzen Namen.	Art der Entwickl.-Phase.	Eintritt der Entwickl.-Phasen im Jahre 1894 an den Stationen:							
			Pfeil P.	Pflanzgarten P.	Pöllwitz Th.	Porcelette E.	Proskau P. [Pomolog. Inst.]	Proskau P.	Rathsfeld Th.	Ratzeburg P.
—	Quercus sess.	Ei. gr.	4. 6	15. 5	20. 5	—	—	4. 5	6. 5	—
15. 5	Cytisus lab.	e. B.	24 5	15. 5	21. 5	10. 5	15. 6	—	8. 5	—
16. 5	Sorbus aucup.	e. B.	30. 5	17. 5	15. 5	9. 5	1. 5	9. 5	8. 5	—
17. 5	Pinus sylv.	e. B.	7. 6	19. 5	15. 5	13. 5	11. 5	18. 5	13. 5	11. 5
28. 5	Sambucus nig.	e. B.	14. 6	19. 5	26. 5	22. 5	25. 5	21. 5	26. 5	—
28. 5	Secale cer. hib.	e. B.	12. 6	20. 5	4. 6	29. 5	25. 5	20. 5	26. 5	4. 6
31. 5	Pinus sylv.	B. O. s.	29. 5	12. 5	25. 5	10. 5	6. 5	12. 5	6. 5	—
31. 5	Rubus id.	e. B.	11. 6	3. 6	28. 5	—	2. 6	26. 5	17. 5	9. 6
2. 6	Robinia pseud.	e. B.	13. 6	25. 5	—	30. 5	23. 5	3. 6	26. 5	—
14. 6	Vitis vinif.	e. B.	2. 7	10. 6	—	—	18. 6	24. 6	18. 6	—
14. 6	Tritic.vulg.hib.	e. B.	25. 6	10. 6	15. 6	15. 6	16. 6	21. 6	11. 6	—
19. 6	Ligustrum vulg.	e. B.	30. 7	20. 6	29. 6	—	16. 6	—	18. 6	—
20. 6	Ribes rub.	e. F.	7. 7	15. 6	10. 7	17. 6	16. 6	28. 6	12. 6	30. 6
22. 6	Tilia grand.	e. B.	4. 7	18. 6	5. 6	—	16. 6	20. 6	24. 6	—
28. 6	Tilia parv.	e. B.	7. 7	19. 6	11. 6	—	20. 6	28. 6	5. 7	—
29. 6	Avena sat.	e. B.	9. 7	25. 6	8. 7	1. 7	30. 6	1. 7	28. 6	3. 7
3. 7	Rubus id.	e. F.	17. 6	1. 7	10. 7	5. 7	2. 7	30. 6	24. 6	17. 7
6. 7	Prunus pad.	e. F.	13. 6	1. 7	12. 7	2. 7	1. 7	1. 7	—	—
19. 7	Secale cer. hib.	Anf. d. E.	28. 7	14. 7	30. 7	20. 7	26. 7	10. 7	9. 7	18. 7
31. 7	Sorbus aucup.	e. F.	6. 8	30. 7	16. 8	28. 7	26. 7	2. 8	27. 7	—
2. 8	Sambucus nig.	e. F.	23. 8	15. 8	19. 9	13. 8	10. 8	14. 8	20. 8	—
4. 8	Tritic.vulg.hib.	Anf. d. E.	12. 8	30. 7	8. 8	3. 8	10. 8	28. 7	28. 7	6. 8
9. 8	Avena sat.	Anf. d. E.	20. 8	12. 8	10. 8	10. 8	15. 8	1. 8	4. 8	24. 8
10. 9	Ligustrum vulg.	e. F.	21. 9	11. 9	20. 9	—	3. 9	—	3. 9	—
17. 9	Aesculus hipp.	e. F.	29. 9	18. 9	20. 9	—	16. 9	21. 9	26. 9	—
20. 9	Quercus ped.	e. F.	25. 9	19. 9	25. 9	21. 9	—	22. 9	23. 9	17. 9
—	Quercus sess.	e. F.	27. 9	—	25. 9	21. 9	—	25. 9	23. 9	—
28. 9	Sorbus aucup.	a. L. V.	5. 10	15. 9	25. 9	11. 9	4. 9	15. 9	15. 9	—
10. 10	Aesculus hipp.	a. L. V.	2. 11	5. 10	7. 10	—	8. 10	12. 10	15. 10	—
13. 10	Betula alba	a. L. V.	4. 11	8. 10	8. 10	18. 10	12. 10	—	20. 10	8. 10
—	Betula pub.	a. L. V.	4. 11	7. 10	5. 10	—	12. 10	—	20. 10	—
14. 10	Fagus sylv.	a. L. V.	6. 11	8. 10	16. 10	18. 10	20. 10	—	18. 10	—
19. 10	Quercus ped.	a. L. V.	10. 11	15. 10	6. 10	24. 10	16. 10	25. 10	25. 10	11. 10
—	Quercus sess.	a. L. V.	10. 11	15. 10	6. 10	24. 10	16. 10	25. 10	25. 10	11. 10
21. 10	Larix europ.	a. L. V.	19. 11	5. 10	15. 10	15. 10	8. 10	12. 10	20. 10	—
Durchschnittliche { Frühjahr . .			— 23	— 9	— 12	— 7	— 7	— 5	— 1	— 16
Eintrittszeit der { Sommer . . .			— 22	— 8	— 24	— 14	— 20	— 4	— 3	— 12
Phänomene für { Herbst . . .			— 33	± 0	— 6	— 10	— 6	— 7	— 12	— 3

Pflanzen.

| mittl. Eintritt der Entwickl.-Phasen für Giessen. | Der Pflanzen | | Eintritt der Entwickl.-Phasen im Jahre 1894 an den Stationen: | | | | | | | |
	Namen.	Art der Entwickl.-Phase.	Ravensberg P.	Reinfeld P.	Riddagshausen Br.	Rodacherbrunn Th.	Rogelwitz P.	Rosenfeld P.	Rosengrund P.	Rothebude P.
11. 2	Coryl. avell.	e. B.	8. 2	12. 2	2. 3	17. 3	8. 3	13. 2	26. 2	24. 3
15. 3	Alnus glut.	e. B.	15. 3	—	18. 3	17. 3	6. 3	11. 3	—	26. 3
6. 4	Larix europ.	e. B.	1. 4	—	4. 4	1. 4	28. 3	1. 4	27. 3	13. 4
10. 4	Aesculus hipp.	B. O s.	4. 4	1. 4	8. 4	19. 4	15. 4	7. 4	14. 4	—
12. 4	Ribes gross.	e. B.	4. 4	10. 4	10. 4	16. 4	12. 4	7. 4	8. 4	27. 4
13. 4	Acer plat.	e. B.	6. 4	8. 4	13. 4	20. 4	15. 4	—	—	2. 5
14. 4	Ribes rub.	e. B.	6. 4	11. 4	12. 4	19. 4	17. 4	15. 4	16. 4	3. 5
14. 4	Tilia grand.	B. O. s.	8. 4	—	17. 4	21. 4	25. 4	11. 4	20. 4	28. 4
17. 4	Larix europ.	B. O. s.	5. 4	—	9. 4	5. 4	8. 4	1. 4	10. 4	16. 4
17. 4	Betula alba	e. B.	10. 4	—	12. 4	16. 4	14. 4	3. 4	12. 4	18. 4
18. 4	Prunus avium	e. B.	9. 4	15. 4	16. 4	10. 5	17. 4	11. 4	20. 4	23. 4
18. 4	Betula alba	B. O. s.	11. 4	—	10. 4	19. 4	16. 4	5. 4	15. 4	22. 4
19. 4	Prunus spin.	e. B.	10. 4	9. 4	17. 4	—	19. 4	16. 4	20. 4	—
19-21.4	Carpinus bet.	B.O.s.-e.B.	10. 4	10. 4	15. 4	—	18. 4	16. 4	20. 4	3. 5
20. 4	Aesculus hipp.	a. Bel.	10. 4	10. 4	16. 4	5. 5	24. 4	15. 4	22. 4	—
—	Betula pub.	B. O. s.	—	—	9. 4	—	—	—	—	—
—	Betula pub.	e. B.	—	—	12. 4	—	—	—	—	—
21. 4	Fraxinus exc.	e. B.	15. 4	11. 4	20. 4	21. 4	19. 4	18. 4	16. 4	3. 5
23. 4	Prunus pad.	e. B.	—	—	24. 4	5. 5	23. 4	19. 4	20. 4	—
23. 4	Pyrus comm.	e. B.	12. 4	15. 4	20. 4	9. 5	19. 4	—	19. 4	10. 5
24. 4	Fagus sylv.	B. O. s.	13. 4	12. 4	21. 4	18. 4	28. 4	17. 4	19. 4	12. 5
28. 4	Pyrus mal.	e. B.	17. 4	17. 4	27. 4	13. 5	20. 4	—	24. 4	13. 5
1. 5	Vitis vinif.	B. O. s.	22. 4	—	28. 4	—	1. 5	—	3. 5	—
1. 5	Quercus ped.	B. O. s.	20. 4	25. 4	1. 5	—	28. 4	17. 4	26. 4	6. 5
—	Quercus sess.	B. O. s.	20. 4	25. 4	1. 5	—	5. 5	26. 4	26. 4	8. 5
2. 5	Acer pseud.	e. B.	23. 4	3. 5	30. 4	29. 4	2. 5	24. 4	—	14. 5
3. 5	Fagus sylv.	Bu. gr.	26. 4	20. 4	2. 5	28. 4	3. 5	30. 4	—	—
3. 5	Abies pect.	B. O. s.	28. 4	6. 5	8. 5	22. 5	6. 5	24. 4	6. 5	—
4. 5	Syringa vulg.	e. B.	1. 5	1. 5	5. 5	18. 5	3. 5	24. 4	1. 5	13. 5
5. 5	Abies excel.	B. O. s.	6. 5	2. 5	2. 5	19. 5	5. 5	26. 4	3. 5	16. 5
—	Quercus ped.	Beg.d.Sch.	26. 4	—	—	—	—	1. 5	—	—
—	Quercus sess.	Beg.d.Sch.	26. 4	—	—	—	—	1. 5	—	—
6. 5	Aesculus hipp.	e. B.	26. 4	2. 5	3. 5	20. 5	3. 5	1. 5	2. 5	13. 5
9. 5	Crataegus ox.	e. B.	29. 4	—	6. 5	—	12. 5	17. 4	3. 5	—
12. 5	Quercus ped.	e. B.	30. 4	1. 5	13. 5	—	2. 5	1. 5	14. 5	16. 5
—	Quercus sess.	e. B.	30. 4	1. 5	13. 5	—	9. 5	4. 5	14. 5	18. 5
12. 5	Spartium scop.	e. B.	9. 5	—	—	—	—	—	18. 5	—
14. 5	Quercus ped.	Ei. gr.	7. 5	10. 5	16. 5	—	18. 5	30. 4	16. 5	18. 5

Pflanzen.

mittl. Eintritt der Entwickl.-Phasen für Giessen.	Der Pflanzen Namen.	Art der Entwickl.-Phase.	Ravensberg P.	Reinfeld P.	Riddagshausen Br.	Rodacherbrunn Th.	Rogelwitz P.	Rosenfeld P.	Rosengrund P.	Rothebude P.
—	Quercus sess.	Ei. gr.	7. 5	10. 5	16. 5	—	20. 5	30. 4	16. 5	20. 5
15. 5	Cytisus lab.	e. B.	9. 5	—	15. 5	—	21. 5	—	—	—
16. 5	Sorbus aucup.	e. B.	28. 4	—	14. 5	21. 5	10. 5	20. 4	20. 5	18. 5
17. 5	Pinus sylv.	e. B.	16. 5	—	15. 5	—	14. 5	8. 5	—	—
28. 5	Sambucus nig.	e. B.	26. 5	—	23. 5	26. 5	20. 5	7. 5	4. 6	—
28. 5	Secale cer. hib.	e. B.	17. 5	18. 5	30. 5	23. 6	16. 5	21. 5	16. 5	28. 5
31. 5	Pinus sylv.	B. O. s.	16. 5	—	9. 5	—	10. 5	27. 4	8. 5	20. 5
31. 5	Rubus id.	e. B.	26. 5	1. 6	1. 6	26. 6	24. 5	25. 5	6. 6	2. 6
2. 6	Robinia pseud.	e. B.	3. 6	—	3. 6	—	4. 6	—	—	—
14. 6	Vitis vinif.	e. B.	—	—	12. 6	—	20. 6	20. 6	—	—
14. 6	Tritic.vulg.hib.	e. B.	18. 6	12. 6	15. 6	—	30. 6	8. 6	16. 6	—
19. 6	Ligustrum vulg.	e. B.	—	—	23. 6	—	—	—	26. 6	—
20. 6	Ribes rub.	e. F.	26. 6	17. 6	20. 6	18. 7	14. 6	25. 6	2. 7	4. 7
22. 6	Tilia grand.	e. B.	28. 6	20. 6	20. 6	21. 7	25. 6	—	—	8. 7
28. 6	Tilia parv.	e. B.	14. 7	—	24. 6	—	3. 7	—	—	14. 7
29. 6	Avena sat.	e. B.	5. 7	25. 6	27. 6	20. 7	6. 7	18. 6	1. 7	15. 7
3. 7	Rubus id.	e. F.	7. 7	10. 7	6. 7	22. 7	28. 6	1. 7	2. 7	20. 7
6. 7	Prunus pad.	e. F.	—	—	7. 7	—	1. 7	—	5. 7	24. 7
19. 7	Secale cer. hib.	Anf. d. E.	12. 7	18. 7	16. 7	23. 8	11. 7	13. 7	16. 7	24. 7
31. 7	Sorbus aucup.	e. F.	27. 7	—	26. 7	21. 8	15. 8	—	24. 7	26. 8
2. 8	Sambucus nig.	e. F.	—	24. 8	10. 8	28. 8	28. 8	—	18. 8	—
4. 8	Tritic.vulg.hib.	Anf. d. E.	6. 8	25. 7	1. 8	—	31. 7	29. 7	10. 8	—
9. 8	Avena sat.	Anf. d. E.	10. 8	24. 7	15. 8	—	26. 7	22. 7	3. 8	10. 8
10. 9	Ligustrum vulg.	e. F.	—	—	11. 9	—	—	—	10. 9	—
17. 9	Aesculus hipp.	e. F.	16. 9	15. 9	15. 9	—	15. 9	—	18. 9	—
20. 9	Quercus ped.	e. F.	20. 9	—	—	—	25. 9	—	4. 10	10. 9
—	Quercus sess.	e. F.	20. 9	—	—	—	28. 9	—	4. 10	—
28. 9	Sorbus aucup.	a. L. V.	20. 9	—	13. 9	10. 9	15. 9	18. 9	6. 9	15. 9
10. 10	Aesculus hipp.	a. L. V.	26. 9	—	12. 10	15. 9	15. 10	—	9. 10	—
13. 10	Betula alba	a. L. V.	6. 10	—	9. 10	27. 9	15. 10	20. 10	6. 10	18. 9
—	Betula pub.	a. L. V.	—	—	9. 10	—	—	—	—	—
14. 10	Fagus sylv.	a. L. V.	8. 10	14. 10	19. 10	26. 9	20. 10	20. 10	—	—
19. 10	Quercus ped.	a. L. V.	18. 10	18. 10	25. 10	—	24. 10	24. 10	23. 10	—
—	Quercus sess.	a. L. V.	18. 10	—	25. 10	—	24. 10	24. 10	23. 10	—
21. 10	Larix europ.	a. L. V.	—	—	14. 10	—	16. 10	—	14. 10	—
Durchschnittliche Eintrittszeit der Phänomene für {	Frühjahr . .		— 2	— 6	— 8	— 21	— 8	+ 2	— 8	— 22
	Sommer . . .		— 6	— 12	— 10	— 48	— 5	— 7	— 10	— 18
	Herbst . . .		+ 1	— 2	— 7	+ 12	— 10	— 11	— 5	+ 17

Pflanzen.

| mittl. Eintritt der Entwickl.-Phasen für Giessen. | Der Pflanzen | | Eintritt der Entwickl.-Phasen im Jahre 1894 an den Stationen: | | | | | | | |
	Namen.	Art der Entwickl.-Phase.	Rothenfier P.	Rudingshain H.	Rütthnick P.	Saalburg Th.	Sadlowo P.	Saupark bei Springe P.	Scharfoldendorf Br.	Schiesshaus Br.
11. 2	Coryl. avell.	e. B.	27. 2	26. 2	17. 2	24. 2	16. 3	28. 1	2. 3	21. 2
15. 3	Alnus glut.	e. B.	15. 3	2. 4	12. 3	11. 3	20. 3	6. 3	—	7. 3
6. 4	Larix europ.	e. B.	10. 4	—	27. 3	5. 4	18. 4	31. 3	24. 3	2. 4
10. 4	Aesculus hipp.	B. O. s.	25. 4	—	6. 4	7. 4	30. 4	1. 4	—	8. 4
12. 4	Ribes gross.	e. B.	17. 4	20. 4	5. 4	8. 4	18. 4	31. 3	26. 3	5. 4
13. 4	Acer plat.	e. B.	3. 5	15. 4	10. 4	10. 4	1. 5	—	—	—
14. 4	Ribes rub.	e. B.	29. 4	23. 4	11. 4	12. 4	20. 4	4. 4	5. 4	7. 4
14. 4	Tilia grand.	B. O. s.	12. 5	—	19. 4	14. 4	29. 4	11. 4	—	10. 4
17. 4	Larix europ.	B. O. s.	20. 4	12. 4	3. 4	7. 4	18. 4	7. 4	29. 3	7. 4
17. 4	Betula alba	e. B.	7. 5	—	3. 5	14. 4	24. 4	6. 4	—	—
18. 4	Prunus avium	e. B.	14. 5	10. 4	1. 5	14. 4	1. 5	9. 4	8. 4	9. 4
18. 4	Betula alba	B. O. s.	9. 5	—	5. 5	14. 4	24. 4	12. 4	9. 4	9. 4
19. 4	Prunus spin.	e. B.	10. 5	10. 4	—	14. 4	5. 5	8. 4	10. 4	—
19-21.4	Carpinus bet.	B.O.s.-e.B.	29. 4	—	16. 4	14. 4	22. 4	9. 4	14. 4	—
20. 4	Aesculus hipp.	a. Bel.	10. 5	—	2. 5	14. 4	1. 5	11. 4	—	18. 4
—	Betula pub.	B. O. s.	—	—	28. 4	—	22. 4	10. 4	—	9. 4
—	Betula pub.	e. B.	—	—	—	—	22. 4	10. 4	—	—
21. 4	Fraxinus exc.	e. B.	12. 5	—	—	18. 4	—	9. 4	—	8. 4
23. 4	Prunus pad.	e. B.	17. 5	—	—	22. 4	1. 5	13. 4	—	10. 4
23. 4	Pyrus comm.	e. B.	14. 5	30. 5	6. 5	22. 4	3. 5	10. 4	6. 4	12. 4
24. 4	Fagus sylv.	B. O. s.	10. 5	8. 4	6. 5	23. 4	22. 4	5. 4	6. 4	9. 4
28. 4	Pyrus mal.	e. B.	24. 5	25. 4	16. 5	27. 4	6. 5	18. 4	14. 4	9. 4
1. 5	Vitis vinif.	B. O. s.	26. 5	—	4. 5	27. 4	—	13. 4	—	—
1. 5	Quercus ped.	B. O. s.	25. 5	—	8. 5	5. 5	22. 4	15. 4	14. 4	23. 4
—	Quercus sess.	B. O. s.	25. 5	—	10. 5	—	21. 5	15. 4	14. 4	23. 4
2. 5	Acer pseud.	e. B.	17. 5	—	—	27. 4	4. 5	15. 4	—	—
3. 5	Fagus sylv.	Bu. gr.	17. 5	20. 4	—	9. 5	30. 4	17. 4	16. 4	22. 4
3. 5	Abies pect.	B. O. s.	27. 5	—	—	12. 5	12. 5	29. 4	—	—
4. 5	Syringa vulg.	e. B.	26. 5	—	14. 5	7. 5	12. 5	16. 4	—	2. 5
5. 5	Abies excel.	B. O. s.	29. 5	—	10. 5	7. 5	4. 5	25. 4	21. 4	—
—	Quercus ped.	Beg.d.Sch.	—	—	—	—	—	19. 4	—	—
—	Quercus sess.	Beg.d.Sch.	—	—	—	—	—	19. 4	18. 4	—
6. 5	Aesculus hipp.	e. B.	26. 5	—	20. 5	12. 5	12. 5	20. 4	—	25. 4
9. 5	Crataegus ox.	e. B.	28. 5	10. 5	18. 5	12. 5	2. 5	24. 4	26. 4	14. 4
12. 5	Quercus ped.	e. B.	27. 5	—	20. 5	15. 5	12. 5	30. 4	—	4. 5
—	Quercus sess.	e. B.	27. 5	—	20. 5	—	—	30. 4	—	4. 5
12. 5	Spartium scop.	e. B.	3. 6	—	—	21. 5	—	—	22. 4	12. 5
14. 5	Quercus ped.	Ei. gr.	28. 5	—	18. 5	23. 5	15. 5	4. 5	30. 4	11. 5

Pflanzen.

mittl. Eintritt der Entwickl.-Phasen für Giessen.	Der Pflanzen Namen.	Art der Entwickl.-Phase.	Rothenfier P.	Rudingshain H.	Rüthnick P.	Saalburg Th.	Sadlowo P.	Saupark bei Springe P.	Scharfoldendorf Br.	Schiesshaus Br.
—	Quercus sess.	Ei. gr.	28.5	—	18.5	—	27.5	4.5	30.4	11.5
15.5	Cytisus lab.	e. B.	26.5	—	—	23.5	3.5	1.5	—	10.5
16.5	Sorbus aucup.	e. B.	29.5	—	20.5	27.5	12.5	30.4	8.5	9.5
17.5	Pinus sylv.	e. B.	7.6	—	20.5	23.5	20.5	18.5	—	—
28.5	Sambucus nig.	e. B.	8.6	6.6	30.5	5.6	5.6	30.5	19.5	—
28.5	Secale cer. hib.	e. B.	2.6	5.6	4.6	6.6	25.5	22.5	20.5	3.6
31.5	Pinus sylv.	B. O. s.	2.6	—	15.5	17.5	15.5	28.5	—	—
31.5	Rubus id.	e. B.	12.6	1.6	14.6	10.6	21.5	9.5	14.5	28.5
2.6	Robinia pseud.	e. B.	19.6	—	9.6	10.6	—	3.6	—	—
14.6	Vitis vinif.	e. B.	22.6	—	6.6	12.6	—	18.6	—	—
14.6	Tritic.vulg.hib.	e. B.	—	30.6	—	15.6	1.7	13.6	6.6	20.6
19.6	Ligustrum vulg.	e. B.	5.7	—	—	25.6	—	14.6	—	—
20.6	Ribes rub.	e. F.	12.7	6.7	28.6	22.6	10.7	17.6	16.6	17.6
22.6	Tilia grand.	e. B.	7.7	—	25.6	28.6	12.7	26.6	—	—
28.6	Tilia parv.	e. B.	12.7	—	30.6	2.7	18.7	29.6	18.6	—
29.6	Avena sat.	e. B.	8.7	10.6	2.7	8.7	14.7	1.7	23.6	11.7
3.7	Rubus id.	e. F.	13.7	12.7	10.7	10.7	18.7	19.6	27.6	8.7
6.7	Prunus pad.	e. F.	13.7	—	—	10.7	16.7	10.7	—	—
19.7	Secale cer. hib.	Anf. d. E.	17.7	28.7	22.7	26.7	3.8	23.7	24.7	9.8
31.7	Sorbus aucup.	e. F.	10.8	—	4.8	3.8	4.8	29.7	25.7	12.8
2.8	Sambucus nig.	e. F.	10.9	6.9	18.8	12.8	23.8	20.8	—	—
4.8	Tritic.vulg.hib.	Anf. d. E.	—	7.8	—	10.8	10.8	5.8	9.8	22.8
9.8	Avena sat.	Anf. d. E.	12.8	7.8	25.8	13.8	12.8	5.8	13.8	24.8
10.9	Ligustrum vulg.	e. F.	16.8	—	—	10.9	—	30.9	—	—
17.9	Aesculus hipp.	e. F.	15.9	—	7.9	20.9	—	14.9	—	22.9
20.9	Quercus ped.	e. F.	25.9	—	8.9	26.9	—	10.10	—	20.9
—	Quercus sess.	e. F.	25.9	—	8.9	—	—	10.10	—	20.9
28.9	Sorbus aucup.	a. L. V.	17.9	—	10.9	21.9	25.9	30.9	—	—
10.10	Aesculus hipp.	a. L. V.	30.10	—	5.10	29.10	—	30.9	—	20.10
13.10	Betula alba	a. L. V.	3.10	—	7.10	31.10	11.10	10.10	—	16.10
—	Betula pub.	a. L. V.	—	—	—	—	11.10	10.10	—	—
14.10	Fagus sylv.	a. L. V.	10.10	10.10	—	29.10	13.10	10.10	10.10	8.10
19.10	Quercus ped.	a. L. V.	18.10	—	12.10	26.10	12.10	19.10	—	11.10
—	Quercus sess.	a. L. V.	18.10	—	12.10	—	12.10	19.10	—	11.10
21.10	Larix europ.	a. L. V.	8.10	—	6.10	29.10	11.10	—	6.10	14.10
Durchschnittliche Eintrittszeit der Phänomene für { Frühjahr ..			—32	—16	—22	—7	—20	+1	+1	+2
Sommer ...			—11	—22	—16	—20	—28	—17	—18	—34
Herbst ...			±0	+2	—1	—22	—4	—1	±0	—5

Pflanzen.

mittl. Eintritt der Entwickl.-Phasen für Giessen.	Der Pflanzen Namen.	Art der Entwickl.-Phase.	Eintritt der Entwickl.-Phasen im Jahre 1894 an den Stationen:							
			Schirpitz P.	Schmiedefeld P.	Schönau i. W. B.	Schönwalde P.	Schoo P.	Schwarza P.	Seega Th.	Sierck E.
11. 2	Coryl. avell.	e. B.	14. 2	—	23. 2	19. 2	10. 2	5. 3	5. 2	16. 3
15. 3	Alnus glut.	e. B.	20. 3	—	21. 2	1. 3	18. 3	25. 3	21. 3	—
6. 4	Larix europ.	e. B.	—	—	27. 3	11. 4	25. 3	8. 4	30. 3	1. 4
10. 4	Aesculus hipp.	B. O. s.	16. 4	—	3. 4	9. 4	12. 4	—	5. 4	1. 4
12. 4	Ribes gross.	e. B.	14. 4	—	9. 4	11. 4	14. 4	12. 4	2. 4	5. 4
13. 4	Acer plat.	e. B.	17. 4	20. 4	—	11. 4	21. 4	10. 4	4. 4	—
14. 4	Ribes rub.	e. B.	15. 4	—	9. 4	18. 4	18. 4	12. 4	1. 4	7. 4
14. 4	Tilia grand.	B. O. s.	23. 4	—	11. 4	20. 4	19. 4	—	8. 4	2. 4
17. 4	Larix europ.	B. O. s.	—	—	28. 3	11. 4	9. 4	10. 4	5. 4	3. 4
17. 4	Betula alba	e. B.	23. 4	—	4. 4	15. 4	14. 4	16. 4	4. 4	2. 4
18. 4	Prunus avium	e. B.	25. 4	—	4. 4	18. 4	10. 4	16. 4	6. 4	6. 4
18. 4	Betula alba	B. O. s.	25. 4	—	5. 4	20. 4	13. 4	12. 4	1. 4	2. 4
19. 4	Prunus spin.	e. B.	26. 4	—	5. 4	—	20. 4	15. 4;	6. 4	6. 4
19-21.4	Carpinus bet.	B.O.s.-e.B.	—	—	20. 4	20. 4	10. 4	15. 4	8. 4	9. 4
20. 4	Aesculus hipp.	a. Bel.	24. 4	—	14. 4	25. 4	17. 4	—	14. 4	10. 4
—	Betula pub.	B. O. s.	27. 4	—	6. 4	—	—	12. 4	4. 4	—
—	Betula pub.	e. B.	23. 4	—	6. 4	—	—	12. 4	4. 4	—
21. 4	Fraxinus exc.	e. B.	28. 4	—	10. 4	19. 4	25. 4	16. 4	6. 4	16. 4
23. 4	Prunus pad.	e. B.	29. 4	—	—	—	—	—	16. 4	—
23. 4	Pyrus comm.	e. B.	29. 4	—	12. 4	—	18. 4	25. 4	13. 4	8. 4
24. 4	Fagus sylv.	B. O. s.	—	20. 4	6. 4	25. 4	5. 4	15. 4	6. 4	5. 4
28. 4	Pyrus mal.	e. B.	2. 5	—	13. 4	25. 4	11. 4	30. 4	4. 4	14. 4
1. 5	Vitis vinif.	B. O. s.	28. 4	—	—	19. 4	6. 5	—	6. 4	22. 4
1. 5	Quercus ped.	B. O. s.	5. 5	—	2. 5	28. 4	27. 4	28. 4	20. 4	17. 4
—	Quercus sess.	B. O. s.	5. 5	—	3. 5	—	—	28. 4	20. 4	17. 4
2. 5	Acer pseud.	e. B.	3. 5	13. 5	8. 4	—	24. 4	—	16. 4	—
3. 5	Fagus sylv.	Bu. gr.	—	25. 4	6. 5	15. 5	27. 4	25. 4	22. 4	20. 4
3. 5	Abies pect.	B. O. s.	—	13. 5	5. 5	—	2. 5	16. 5	29. 4	25. 4
4. 5	Syringa vulg.	e. B.	10. 5	—	14. 4	15. 5	22. 4	6. 5	16. 4	14. 4
5. 5	Abies excel.	B. O. s.	10. 5	13. 5	6. 5	5. 5	28. 4	8. 5	21. 4	—
—	Quercus ped.	Beg.d.Sch.	—	—	—	—	—	—	—	18. 4
—	Quercus sess.	Beg.d.Sch.	—	—	—	—	—	—	—	18. 4
6. 5	Aesculus hipp.	e. B.	10. 5	—	6. 5	5. 5	25. 4	—	21. 4	15. 4
9. 5	Crataegus ox.	e. B.	13. 3	—	4. 5	—	26. 4	15. 5	29. 4	26. 4
12. 5	Quercus ped.	e. B.	11. 5	—	—	20. 5	8. 5	—	24. 4	27. 4
—	Quercus sess.	e. B.	11. 5	—	—	—	—	14. 5	24. 4	30. 4
12. 5	Spartium scop.	e. B.	—	—	—	—	14. 5	—	—	—
14. 5	Quercus ped.	Ei. gr.	—	—	12. 5	20. 5	15. 5	10. 5	1. 5	8. 5

Pflanzen.

mittl. Eintritt der Entwickl.-Phasen für Giessen.	Der Pflanzen — Namen.	Art der Entwickl.-Phase.	Eintritt der Entwickl.-Phasen im Jahre 1894 an den Stationen:							
			Schirpitz P.	Schmiedefeld P.	Schönau i. W. B.	Schönwalde P.	Schoo P.	Schwarza P.	Seega Th.	Sierck E.
—	Quercus sess.	Ei. gr.	—	—	12. 5	—	—	10. 5	1. 5	10. 5
15. 5	Cytisus lab.	e. B.	—	—	—	—	10. 5	—	1 5	—
16. 5	Sorbus aucup.	e. B.	14. 5	2. 6	7. 5	25. 5	13. 5	15. 5	3. 5	30. 4
17. 5	Pinus sylv.	e. B.	18. 5	—	—	20. 5	20. 5	15. 5	7. 5	12. 5
28. 5	Sambucus nig.	e. B.	1. 6	—	7. 5	25. 5	22. 5	—	20. 5	8. 5
28. 5	Secale cer. hib.	e. B.	3. 6	—	24. 5	30. 5	30. 5	25. 5	20. 5	8. 5
31. 5	Pinus sylv.	B. O. s.	13. 5	—	—	20. 5	19. 5	15. 5	1. 5	—
31. 5	Rubus id.	e. B.	4. 6	12. 6	8. 6	25. 5	8. 6	5. 6	10. 5	14. 6
2. 6	Robinia pseud.	e. B.	2. 6	—	—	1. 6	4. 6	—	19. 5	20. 5
14. 6	Vitis vinif.	e. B.	17. 6	—	—	5. 6	23. 6	—	10. 5	15. 6
14. 6	Tritic.vulg. hib.	e. B.	—	—	—	—	20. 6	—	4. 6	20. 6
19. 6	Ligustrum vulg.	e. B.	—	—	—	—	29. 6	—	10. 6	22. 6
20. 6	Ribes rub.	e. F.	25. 6	—	27. 6	1. 7	24. 6	25. 6	3. 6	19. 6
22. 6	Tilia grand.	e. B.	28. 6	—	21. 6	20. 6	26. 6	—	11. 6	30. 6
28. 6	Tilia parv.	e. B.	1. 7	—	23. 6	25. 6	2. 7	—	24. 6	4. 7
29. 6	Avena sat.	e. B.	2. 7	15. 7	26. 6	2. 7	2. 7	10. 7	20. 6	4. 7
3. 7	Rubus id.	e. F.	9. 7	3. 8	24. 6	10. 7	10. 7	15. 7	18. 6	2. 7
6. 7	Prunus pad.	e. F.	8. 7	—	—	—	—	20. 7	4. 7	—
19. 7	Secale cer. hib.	Anf. d. E.	26. 7	—	18. 7	22. 7	15. 7	5. 8	30. 6	22. 7
31. 7	Sorbus aucup.	e. F.	3. 8	25. 9	24. 7	—	7. 8	—	20. 7	10. 8
2. 8	Sambucus nig.	e. F.	17. 8	—	—	20. 8	20. 8	—	12. 8	2. 8
4. 8	Tritic.vulg. hib.	Anf. d. E.	—	—	—	—	—	—	20. 7	1. 8
9. 8	Avena sat.	Anf. d. E.	16. 8	1. 9	13. 9	10. 8	18. 8	20. 8	30. 7	24. 8
10. 9	Ligustrum vulg.	e. F.	—	—	—	—	17. 9	—	28. 8	12. 9
17. 9	Aesculus hipp.	e. F.	20. 9	—	12. 9	20. 9	12. 9	—	19. 9	29. 9
20. 9	Quercus ped.	e. F.	25. 9	—	14. 9	25. 9	14. 9	—	11. 9	—
—	Quercus sess.	e. F.	25. 9	—	14. 9	25. 9	—	—	11. 9	—
28. 9	Sorbus aucup.	a. L. V.	17. 9	8. 10	—	20. 9	14. 9	20. 9	6. 9	10. 9
10. 10	Aesculus hipp.	a. L. V.	17. 10	—	20. 9	15. 10	18. 10	—	13. 10	2. 10
13. 10	Betula alba	a. L. V.	17. 10	—	20. 9	20. 10	10. 10	15. 10	10. 10	4. 10
—	Betula pub.	a. L. V.	15. 10	—	20. 9	—	—	15. 10	10. 10	—
14. 10	Fagus sylv.	a. L. V.	—	8. 10	20. 9	20. 10	20. 10	10. 10	10. 10	15. 10
19. 10	Quercus ped.	a. L. V.	24. 10	—	28. 9	20. 10	27. 10	15. 10	20. 10	29. 10
—	Quercus sess.	a. L. V.	24. 10	—	28. 9	—	—	15. 10	20. 10	29. 10
21. 10	Larix europ.	a. L. V.	—	—	24. 9	20. 10	16. 10	15. 10	10. 10	2. 10
Durchschnittliche Eintrittszeit der Phänomene für { Frühjahr ..			— 15	—	+ 1	— 11	— 6	— 10	+ 4	+ 2
{ Sommer ...			— 20	—	— 12	— 16	— 9	— 30	+ 6	— 22
{ Herbst ...			— 12	+ 4	+ 16	— 13	— 8	— 6	— 3	± 0

Pflanzen.

mittl. Eintritt der Entwickl.-Phasen für Giessen.	Der Pflanzen Namen.	Art der Entwickl.-Phase.	Eintritt der Entwickl.-Phasen im Jahre 1894 an den Stationen: Sonnenberg P.	Staufen B.	Stöckerhof P.	Stockhausen H.	Tautenburg Th.	Thiengen B.	Thierenbach E.
11. 2	Coryl. avell.	e. B.	—	22. 2	8. 3	15. 3	12. 2	—	10. 2
15. 3	Alnus glut.	e. B.	—	10. 3	12. 3	26. 3	21. 3	—	12. 3
6. 4	Larix europ.	e. B.	—	10. 4	27. 3	5. 4	3. 4	6. 4	28. 3
10. 4	Aesculus hipp.	B. O. s.	—	13. 4	3. 4	20. 4	8. 4	5. 4	4. 4
12. 4	Ribes gross.	e. B.	—	6. 4	5. 4	10. 4	15. 4	4. 4	5. 4
13. 4	Acer plat.	e. B.	15. 4	8. 4	5. 4	12. 4	19. 4	5. 4	6. 4
14. 4	Ribes rub.	e. B.	—	10. 4	7. 4	—	15. 4	5. 4	7. 4
14. 4	Tilia grand.	B. O. s.	—	10. 4	3. 4	5. 5	19. 4	7. 4	7. 4
17. 4	Larix europ.	B. O. s.	—	12. 4	2. 4	7. 4	18. 4	5. 4	3. 4
17. 4	Betula alba	e. B.	18. 4	12. 4	10. 4	9. 4	19. 4	—	8. 4
18. 4	Prunus avium	e. B.	—	16. 4	7. 4	11. 4	22. 4	7. 4	8. 4
18. 4	Betula alba	B. O. s.	27. 4	16. 4	16. 4	12. 4	19. 4	—	8. 4
19. 4	Prunus spin.	e. B.	—	15. 4	5. 4	11. 4	15. 4	9. 4	6. 4
19-21. 4	Carpinus bet.	B.O.s.-e.B.	—	—	7. 4	—	21. 4	—	8. 4
20. 4	Aesculus hipp.	a. Bel.	—	12. 4	10. 4	4. 5	25. 4	13. 4	8. 4
—	Betula pub.	B. O. s.	—	12. 4	—	—	20. 4	—	8. 4
—	Betula pub.	e. B.	—	12. 4	—	—	20. 4	—	8. 4
21. 4	Fraxinus exc.	e. B.	—	18. 4	10. 4	21. 4	18. 4	10. 4	9. 4
23. 4	Prunus pad.	e. B.	—	10. 4	10. 4	18. 4	22. 4	15. 4	—
23. 4	Pyrus comm.	e. B.	—	16. 4	12. 4	12. 4	24. 4	11. 4	10. 4
24. 4	Fagus sylv.	B. O. s.	—	12. 4	5. 4	11. 4	30. 4	14. 4	13. 4
28. 4	Pyrus mal.	e. B.	—	14. 4	12. 4	20. 4	28. 4	13. 4	14. 4
1. 5	Vitis vinif.	B. O. s.	—	20. 4	10. 4	—	3. 5	15. 4	15. 4
1. 5	Quercus ped.	B. O. s.	—	2. 5	8. 4	3. 5	3. 5	20. 4	14. 4
—	Quercus sess.	B. O. s.	—	2. 5	8. 4	3. 5	3. 5	—	14. 4
2. 5	Acer pseud.	e. B.	19. 4	30. 4	12. 4	25. 4	27. 4	15. 4	14. 4
3. 5	Fagus sylv.	Bu. gr.	—	8. 5	12. 4	20. 4	10. 5	25. 4	14. 4
3. 5	Abies pect.	B. O. s.	—	6. 5	20. 4	—	—	25. 4	30. 4
4. 5	Syringa vulg.	e. B.	—	4. 5	15. 4	—	3 5	15. 4	—
5. 5	Abies excel.	B. O. s.	28. 4	3. 5	16. 4	1. 5	9. 5	23. 4	20. 4
—	Quercus ped.	Beg.d.Sch.	—	6. 5	20. 4	—	—	—	10. 4
—	Quercus sess.	Beg.d.Sch.	—	6. 5	20. 4	—	—	—	10. 4
6. 5	Aesculus hipp.	e. B.	—	6. 5	20. 4	13. 5	12. 5	20. 4	15. 4
9. 5	Crataegus ox.	e. B.	—	7. 5	20. 4	15. 5	7. 5	25. 4	16. 4
12. 5	Quercus ped.	e. B.	—	18. 5	14. 4	10. 5	14. 5	25. 4	18. 4
—	Quercus sess.	e. B.	—	18. 5	14. 4	10. 5	14. 5	—	18. 4
12. 5	Spartium scop.	e. B.	—	—	8. 4	—	—	15. 5	26. 4
14. 5	Quercus ped.	Ei. gr.	—	15. 5	20. 4	20. 5	20. 5	10. 5	19. 4

Pflanzen.

mittl. Eintritt der Entwickl.-Phasen für Giessen.	Der Pflanzen Namen.	Art der Entwickl. Phase.	Eintritt der Entwickl.-Phasen im Jahre 1894 an den Stationen:						
			Sonnenberg P.	Staufen B.	Stöckerhof P.	Stockhausen H.	Tautenburg Th.	Thiengen B.	Thierenbach E.
—	Quercus sess.	Ei. gr.	—	15. 5	20. 4	20. 5	20. 5	—	19. 4
15. 5	Cytisus lab.	e. B.	—	—	24. 4	—	—	16. 5	—
16. 5	Sorbus aucup.	e. B.	20. 4	10. 5	30. 4	12. 5	14. 5	10. 5	22. 4
17. 5	Pinus sylv.	e. B.	—	15. 5	24. 4	18. 5	14. 5	—	—
28. 5	Sambucus nig.	e. B.	—	—	23. 5	10. 6	30. 5	21. 5	9. 5
28. 5	Secale cer. hib.	e. B.	—	16. 5	20. 5	5. 6	9. 6	15. 5	10. 5
31. 5	Pinus sylv.	B. O. s.	—	20. 5	20. 4	4. 5	21. 5	—	25. 4
31. 5	Rubus id.	e. B.	—	26. 5	23. 5	—	8. 6	21. 5	22. 5
2. 6	Robinia pseud.	e. B.	—	25. 5	20. 5	15. 6	4. 6	21. 5	21. 5
14. 6	Vitis vinif.	e. B.	—	25. 6	5. 6	—	24. 6	19. 6	22. 6
14. 6	Tritic. vulg. hib.	e. B.	—	16. 6	7. 6	—	22. 6	18. 6	18. 6
19. 6	Ligustrum vulg.	e. B.	—	13. 6	10. 6	—	25. 6	9. 6	—
20. 6	Ribes rub.	e. F.	—	20. 6	11. 6	30. 6	29. 6	18. 6	20. 6
22. 6	Tilia grand.	e. B.	—	24. 6	11. 6	28. 6	24. 6	26. 6	10. 6
28. 6	Tilia parv.	e. B.	—	24. 6	14. 6	28. 6	30. 6	3. 7	15. 6
29. 6	Avena sat.	e. B.	—	28. 6	23. 6	—	7. 7	25. 6	18. 6
3. 7	Rubus id.	e. F.	15. 7	5. 7	5. 7	25. 7	12. 7	—	25. 6
6. 7	Prunus pad.	e. F.	—	20. 7	5. 7	12. 7	10. 7	—	—
19. 7	Secale cer. hib.	Anf. d. E.	—	16. 7	18. 7	25. 7	20. 7	9. 7	12. 7
31. 7	Sorbus aucup.	e. F.	26. 8	25. 7	20. 7	28. 7	2. 8	—	22. 7
2. 8	Sambucus nig.	e. F.	—	8. 8	5. 8	25. 9	14. 8	15. 8	11. 8
4. 8	Tritic. vulg. hib.	Anf. d. E.	—	3. 8	30. 7	12. 8	10. 8	—	26. 7
9. 8	Avena sat.	Anf. d. E.	—	16. 8	5. 8	17. 8	20. 8	15. 8	1. 8
10. 9	Ligustrum vulg.	e. F.	—	16. 8	8. 9	—	—	—	—
17. 9	Aesculus hipp.	e. F.	—	6. 9	12. 9	—	1. 10	—	18. 9
20. 9	Quercus ped.	e. F.	—	15. 9	15. 9	28. 9	—	—	—
—	Quercus sess.	e. F.	—	15. 9	15. 9	28. 9	—	—	—
28. 9	Sorbus aucup.	a. L. V.	1. 10	6. 9	20. 9	1. 10	13. 9	—	12. 9
10. 10	Aesculus hipp.	a. L. V.	—	2. 10	25. 9	—	7. 10	10. 10	10. 10
13. 10	Betula alba	a. L. V.	1. 10	8. 10	5. 10	6. 10	18. 10	—	12. 10
—	Betula pub.	a. L. V.	—	8. 10	—	5. 10	18. 10	—	12. 10
14. 10	Fagus sylv.	a. L. V.	—	10. 10	10. 10	28. 9	10. 10	17. 10	13. 10
19. 10	Quercus ped.	a. L. V.	—	—	15. 10	10. 10	20. 10	—	15. 10
—	Quercus sess.	a. L. V.	—	—	15. 10	10. 10	—	—	15. 10
21. 10	Larix europ.	a. L. V.	—	2. 10	5. 10	1. 10	14. 10	—	11. 10
Durchschnittliche Eintrittszeit der Phänomene für	Frühjahr ..		− 11	− 3	+ 1	− 2	− 10	+ 1	± 0
	Sommer ...		—	− 10	− 12	− 19	− 14	− 3	− 6
	Herbst ...		+ 4	+ 1	+ 2	+ 6	− 7	− 5	− 5

Pflanzen.

mittl. Eintritt der Entwickl.-Phasen für Giessen.	Namen.	Art der Entwickl. Phase.	Todtenrode Br.	Todtnau B.	Torgelow P.	Tornau P.	Ulfshuus P.	Ullersdorf P.	Urbeis E.
11. 2	Coryl. avell.	e. B.	6. 3	26. 2	8. 2	11. 2	8. 2	20. 3	4. 3
15. 3	Alnus glut.	e. B.	—	15. 3	21. 3	21. 3	15. 3	20. 3	22. 3
6. 4	Larix europ.	e. B.	—	12. 4	5. 4	26. 3	22. 3	11. 4	—
10. 4	Aesculus hipp.	B. O. s.	16. 4	5. 4	12. 4	10. 4	28. 3	27. 4	—
12. 4	Ribes gross.	e. B.	20. 4	11. 4	14. 4	8. 4	28. 3	22. 4	23. 4
13. 4	Acer plat.	e. B.	—	—	16. 4	—	1. 4	20. 4	—
14. 4	Ribes rub.	e. B.	16. 4	11. 4	16. 4	8. 4	1. 4	27. 4	4. 5
14. 4	Tilia grand.	B. O. s.	6. 5	13. 4	18. 4	7. 4	5. 4	15. 5	—
17. 4	Larix europ.	B. O. s.	—	12. 4	8. 4	30. 3	1. 4	23. 4	28. 4
17. 4	Betula alba	e. B.	—	6. 4	16. 4	8. 4	16. 4	26. 4	7. 5
18. 4	Prunus avium	e. B.	—	6. 4	18. 4	11. 4	11. 4	26. 4	11. 4
18. 4	Betula alba	B. O. s.	22. 4	9. 4	19. 4	10. 4	11. 4	20. 4	10. 5
19. 4	Prunus spin.	e. B.	24. 4	9. 4	19. 4	18. 4	11. 4	—	4. 5
19-21.4	Carpinus bet.	B.O.s.-e.B.	—	—	16. 4	11. 4	16. 4	—	—
20. 4	Aesculus hipp.	a. Bel.	6. 5	20. 4	19. 4	18. 4	26. 4	15. 5	7. 5
—	Betula pub.	B. O. s.	—	10. 4	16. 4	—	—	—	—
—	Betula pub.	e. B.	—	—	16. 4	—	—	—	—
21. 4	Fraxinus exc.	e. B.	—	—	22. 4	10. 5	11. 4	15. 5	—
23. 4	Prunus pad.	e. B.	—	—	22. 4	24. 4	16. 4	12. 5	—
23. 4	Pyrus comm.	e. B.	—	14. 4	25. 4	19. 4	16. 4	27. 4	4. 5
24. 4	Fagus sylv.	B. O. s.	17. 4	10. 4	23. 4	18. 4	16. 4	18. 4	12. 5
28. 4	Pyrus mal.	e. B.	—	15. 4	26. 4	18. 4	19. 4	14. 5	9. 5
1. 5	Vitis vinif.	B. O. s.	—	—	3. 5	18. 4	26. 4	—	—
1. 5	Quercus ped.	B. O. s.	8. 5	—	27. 4	25. 4	12. 5	14. 5	—
—	Quercus sess.	B. O. s.	8. 5	—	27. 4	26. 4	12. 5	—	—
2. 5	Acer pseud.	e. B.	—	10. 4	3. 5	12. 4	26. 4	14. 5	—
3. 5	Fagus sylv.	Bu. gr.	20. 5	10. 5	26. 5	4. 5	2. 5	5. 5	20. 5
3. 5	Abies pect.	B. O. s.	—	10. 5	10. 5	4. 5	9. 5	17. 5	14. 5
4. 5	Syringa vulg.	e. B.	20. 5	16. 4	5. 5	6. 6	13. 5	13. 5	—
5. 5	Abies excel.	B. O. s.	—	10. 5	10. 5	25. 4	12. 5	15. 5	14. 5
—	Quercus ped.	Beg.d.Sch.	—	—	—	—	—	—	—
—	Quercus sess.	Beg.d.Sch.	—	—	—	—	—	—	—
6. 5	Aesculus hipp.	e. B.	10. 5	10. 5	7. 5	4. 5	9. 5	16. 5	—
9. 5	Crataegus ox.	e. B.	10. 5	8. 5	10. 5	2. 5	18. 5	1. 6	14. 5
12. 5	Quercus ped.	e. B.	—	—	10. 5	8. 5	19. 5	15. 5	—
—	Quercus sess.	e. B.	—	—	10. 5	11. 5	19. 5	—	—
12. 5	Spartium scop.	e. B.	26. 5	—	—	7. 5	19. 5	15. 5	—
14. 5	Quercus ped.	Ei. gr.	18. 5	—	12. 5	18. 5	3. 6	—	—

Pflanzen.

mittl. Eintritt der Entwickl.-Phasen für Giessen.	Der Pflanzen Namen.	Art der Entwickl.-Phase.	Eintritt der Entwickl.-Phasen im Jahre 1894 an den Stationen:						
			Todtenrode Br.	Todtnau B.	Torgelow P.	Tornau P.	Ulfshuus P.	Ullersdorf P.	Urbeis E.
—	Quercus sess.	Ei. gr.	18. 5	—	12. 5	18. 5	3. 6	—	—
15. 5	Cytisus lab.	e. B.	—	—	—	16. 5	18. 5	—	—
16. 5	Sorbus aucup.	e. B.	—	12. 5	10. 5	7. 5	18. 5	20. 5	20. 5
17. 5	Pinus sylv.	e. B.	—	—	19. 5	18. 5	—	15. 6	26 5
28. 5	Sambucus nig.	e. B.	—	12. 5	10. 5	5. 5	4. 6	12. 6	1. 6
28. 5	Secale cer. hib.	e. B.	—	—	3. 6	17. 5	26. 5	5. 6	—
31. 5	Pinus sylv.	B. O. s.	—	—	16. 5	18. 5	—	11. 6	17. 5
31. 5	Rubus id.	e. B.	20. 6	10. 6	6. 6	18. 5	4. 6	25. 6	8. 6
2. 6	Robinia pseud.	e. B.	—	—	6. 6	21. 5	—	20. 6	—
14. 6	Vitis vinif.	e. B.	—	—	26. 6	19. 6	—	—	—
14. 6	Tritic. vulg. hib.	e. B.	—	—	—	21. 6	16. 6	—	—
19. 6	Ligustrum vulg.	e. B.	—	—	—	—	27. 6	—	—
20. 6	Ribes rub	e. F.	—	1. 7	27. 6	18. 6	7. 7	23. 7	6. 7
22. 6	Tilia grand.	e. B.	—	26. 6	30. 6	24. 6	28. 6	22. 7	—
28. 6	Tilia parv.	e. B.	—	27. 6	3. 7	29. 6	—	25. 7	—
29. 6	Avena sat.	e. B.	—	12. 7	5. 7	6. 7	28. 6	20. 7	—
3. 7	Rubus id.	e. F.	—	1. 7	2. 7	29. 6	22. 7	22. 7	15. 7
6. 7	Prunus pad.	e. F.	—	—	10. 7	2. 7	16. 7	25. 7	—
19. 7	Secale cer. hib.	Anf. d. E.	—	—	17. 7	14. 7	28. 7	10. 8	—
31. 7	Sorbus aucup.	e. F.	—	30. 7	1. 8	28. 8	8. 8	8. 9	30. 8
2. 8	Sambucus nig.	e. F.	—	—	20. 8	12. 8	26. 8	15. 9	—
4. 8	Tritic. vulg. hib.	Anf. d. E.	—	—	—	4. 8	8. 8	—	—
9. 8	Avena sat.	Anf. d. E.	3. 9	20. 9	16. 8	6. 8	12. 8	17. 8	—
10. 9	Ligustrum vulg.	e. F.	—	—	—	—	16. 9	—	—
17. 9	Aesculus hipp.	e. F.	—	19. 9	20. 9	28. 8	29. 9	15. 10	—
20. 9	Quercus ped.	e. F.	—	—	24. 9	16. 9	—	—	—
—	Quercus sess.	e. F.	—	—	29. 9	16. 9	—	—	—
28. 9	Sorbus aucup.	a. L. V.	—	—	22. 9	16. 8	24. 9	25. 9	13. 10
10. 10	Aesculus hipp.	a. L. V.	22. 9	20. 9	20. 10	20. 9	3. 10	26. 9	—
13. 10	Betula alba	a. L. V.	12. 9	20. 9	20. 10	2. 10	3. 10	10. 10	2. 11
—	Betula pub.	a. L. V.	—	—	20. 10	—	—	—	—
14. 10	Fagus sylv.	a. L. V.	19. 9	20. 9	15. 10	27. 9	6. 10	10. 10	—
19. 10	Quercus ped.	a. L. V.	28. 9	—	25. 10	22. 10	19. 10	10. 10	—
—	Quercus sess.	a. L. V.	28. 9	—	25. 10	22. 10	19. 10	—	—
21. 10	Larix europ.	a. L. V.	—	22. 9	22. 10	6. 10	3. 10	17. 10	2. 11
Durchschnittliche { Frühjahr . .			—14	—2	—10	—5	—2	—21	—22
Eintrittszeit der { Sommer . . .			—	—	—11	—8	—22	—35	—
Phänomene für { Herbst . . .			+23	+17	—12	—4	+3	—5	—28

Pflanzen.

| mittl. Eintritt der Entwickl.-Phasen für Giessen. | Der Pflanzen | | Eintritt der Entwickl.-Phasen im Jahre 1894 an den Stationen: | | | | | | |
	Namen.	Art der Entwickl. Phase.	Viernheim H.	Villingen B.	Vinnenberg P.	Wahlen i. Ob. H.	Wahlen i. Od. H.	Waldkirch B.	Wald-Michelbach H.
11. 2	Coryl. avell.	e. B.	3. 2	10. 3	8. 2	2. 3	10. 3	1. 2	14. 2
15. 3	Alnus glut.	e. B.	—	—	16. 3	16. 3	16. 3	—	—
6. 4	Larix europ.	e. B.	4. 4	—	10. 4	29. 3	1. 4	—	30. 3
10. 4	Aesculus hipp.	B. O. s.	4. 4	20. 4	12. 4	20. 4	10. 4	6. 4	6. 4
12. 4	Ribes gross.	e. B.	7. 4	12. 4	2. 4	9. 4	10. 4	28. 3	5. 4
13. 4	Acer plat.	e. B.	—	—	—	—	—	—	—
14. 4	Ribes rub.	e. B.	—	15. 4	2. 4	12. 4	12. 4	5. 4	6. 4
14. 4	Tilia grand.	B. O. s.	14. 4	—	8. 4	3. 5	19. 4	—	—
17. 4	Larix europ.	B. O. s.	10. 4	14. 4	15. 4	10. 4	3. 4	5. 4	1. 4
17. 4	Betula alba	e. B.	13. 4	—	6. 4	29. 4	13. 4	—	—
18. 4	Prunus avium	e. B.	14. 4	21. 4	8. 4	4. 5	12. 4	8. 4	7. 4
18. 4	Betula alba	B. O. s.	13. 4	28. 4	6. 4	1. 5	13. 4	10. 4	7. 4
19. 4	Prunus spin.	e. B.	15. 4	18. 4	31. 3	5. 5	11. 4	6. 4	7. 4
19 21.4	Carpinus bet.	B.O.s.-e.B.	12. 4	—	4. 4	25. 4-12. 5	—	—	13. 4
20. 4	Aesculus hipp.	a. Bel.	17. 4	2. 5	10. 4	5. 5	18. 4	10. 4	14. 4
—	Betula pub.	B. O. s.	—	20. 4	3. 4	—	12. 4	6. 4	—
—	Betula pub.	e. B.	—	—	6. 4	—	—	—	—
21. 4	Fraxinus exc.	e. B.	17. 4	24. 4	10. 4	—	—	—	—
23. 4	Prunus pad.	e. B.	—	25. 4	11. 4	9. 5	16. 4	—	—
23. 4	Pyrus comm.	e. B.	20. 4	25. 4	—	11. 5	16. 4	5. 4	13. 4
24. 4	Fagus sylv.	B. O. s.	17. 4	3. 5	20. 4	2. 5	16. 4	6. 4	13. 4
28. 4	Pyrus mal.	e. B.	20. 4	8. 5	18. 4	14. 5	20. 4	7. 4	17. 4
1. 5	Vitis vinif.	B. O. s.	22. 4	—	15. 4	—	10. 5	—	—
1. 5	Quercus ped.	B. O. s.	25. 4	—	25. 4	12. 5	26. 5	—	15. 4
—	Quercus sess.	B. O. s.	25. 4	—	25. 4	12. 5	26. 5	—	15. 4
2. 5	Acer pseud.	e. B.	19. 4	—	—	—	—	—	—
3. 5	Fagus sylv.	Bu. gr.	20. 4	4. 5	1. 5	2. 5	2. 5	26. 4	20. 4
3. 5	Abies pect.	B. O. s.	5. 5	20. 5	1. 5	—	13. 5	26. 4	30. 4
4. 5	Syringa vulg.	e. B.	—	4. 5	30. 4	—	—	8. 4	22. 4
5. 5	Abies excel.	B. O. s.	27. 4	12. 5	28. 4	15. 5	2. 5	—	30. 4
—	Quercus ped.	Beg.d.Sch.	—	—	—	—	1. 5	—	30. 4
—	Quercus sess.	Beg.d.Sch.	—	—	—	—	1. 5	—	30. 4
6. 5	Aesculus hipp.	e. B.	3. 5	20. 5	28. 4	20. 5	—	—	4. 5
9. 5	Crataegus ox.	e. B.	1. 5	18. 5	30. 4	26. 5	13. 5	—	—
12. 5	Quercus ped.	e. B.	—	—	22. 4	24. 5	—	—	—
—	Quercus sess.	e. B.	—	—	22. 4	28. 5	—	—	—
12. 5	Spartium scop.	e. B.	—	—	2. 5	—	4. 5	20. 4	3. 5
14. 5	Quercus ped.	Ei. gr.	5. 5	—	8. 5	18. 5	15. 5	—	3. 5

Pflanzen.

mittl. Eintritt der Entwickl.-Phasen für Giessen.	Der Pflanzen Namen.	Art der Entwickl.-Phase.	Eintritt der Entwickl.-Phasen im Jahre 1894 an den Stationen:						
			Viernheim H.	Villingen B.	Vinnenberg P.	Wahlen i. Ob. H.	Wahlen i. Od. H.	Waldkirch B.	Wald-Michelbach H.
—	Quercus sess.	Ei. gr.	5. 5	—	8. 5	18. 5	15. 5	—	—
15. 5	Cytisus lab.	e. B.	7. 5	—	6. 5	—	—	—	10. 5
16. 5	Sorbus aucup.	e. B.	10. 5	24. 5	20. 5	28. 5	16. 5	—	—
17. 5	Pinus sylv.	e. B.	11. 5	—	10. 5	—	15. 5	—	18. 5
28. 5	Sambucus nig.	e. B.	20. 5	30. 5	1. 6	10. 6	8. 6	5. 6	—
28. 5	Secale cer. hib.	e. B.	17. 5	20. 6	3. 6	14. 6	8. 6	1. 6	—
31. 5	Pinus sylv.	B. O. s.	3. 5	20. 5	20. 4	—	14. 5	—	12. 5
31. 5	Rubus id.	e. B.	20. 5	25. 6	10. 6	13. 6	5. 6	20. 5	—
2. 6	Robinia pseud.	e. B.	25. 5	—	10. 6	15. 6	—	1. 6	—
14. 6	Vitis vinif.	e. B.	7. 6	—	20. 6	—	—	—	—
14. 6	Tritic.vulg.hib.	e. B.	11. 6	23. 6	—	29. 6	—	—	—
19. 6	Ligustrum vulg.	e. B.	—	—	2. 7	—	—	—	—
20. 6	Ribes rub.	e. F.	—	15. 7	2. 7	4. 7	30. 6	10. 6	—
22. 6	Tilia grand.	e. B.	—	—	6. 7	7. 7	29. 6	8. 6	—
28. 6	Tilia parv.	e. B.	—	—	6 7	16. 7	—	—	—
29. 6	Avena sat.	e. B.	19. 6	12. 7	10. 7	20. 7	5. 7	—	—
3. 7	Rubus id.	e. F.	17. 6	28. 7	20. 7	8. 7	7. 7	28. 6	—
6. 7	Prunus pad.	e. F.	14. 6	10. 7	15. 7	15. 7	10. 7	—	—
19. 7	Secale cer. hib.	Anf. d. E.	18. 7	2. 8	2. 8	26. 7	3. 8	11. 7	—
31. 7	Sorbus aucup.	e. F.	—	—	10. 8	6. 8	8. 8	—	—
2. 8	Sambucus nig.	e. F.	—	—	22. 8	24. 8	—	—	—
4. 8	Tritic.vulg.hib.	Anf. d. E.	2. 8	8. 8	—	17. 8	10. 8	—	—
9. 8	Avena sat.	Anf. d. E.	4. 8	28. 8	22. 8	25. 8	10. 8	—	—
10. 9	Ligustrum vulg.	e. F.	—	—	20. 9	—	—	—	—
17. 9	Aesculus hipp.	e. F.	—	—	26. 9	2. 10	—	—	—
20. 9	Quercus ped.	e. F.	—	—	28. 9	4. 10	—	—	—
—	Quercus sess.	e. F.	—	—	28. 9	6. 10	—	—	—
28. 9	Sorbus aucup.	a. L. V.	—	15. 10	24. 9	12. 9	—	—	—
10. 10	Aesculus hipp.	a. L. V.	—	—	20. 10	7. 10	25. 9	—	—
13. 10	Betula alba	a. L. V.	—	—	24. 10	15. 10	7. 10	—	—
—	Betula pub.	a. L. V.	—	—	24. 10	—	7. 10	—	—
14. 10	Fagus sylv.	a. L. V.	—	—	26. 10	19. 10	8. 10	—	—
19. 10	Quercus ped.	a. L. V.	—	—	2. 11	12. 10	12. 10	—	—
—	Quercus sess.	a. L. V.	—	—	2. 11	12. 10	12. 10	—	—
21. 10	Larix europ.	a. L. V.	—	—	20. 10	2. 10	2. 10	—	—
Durchschnittliche { Frühjahr . .			— 6	— 13	+ 3	— 23	— 4	+ 3	± 0
Eintrittszeit der { Sommer . . .			— 12	— 27	— 27	— 20	— 28	— 5	—
Phänomene für { Herbst . . .			—	—	— 16	— 5	+ 2	—	—

Pflanzen.

| mittl. Eintritt der Entwickl.-Phasen für Giessen. | Der Pflanzen | | Eintritt der Entwickl.-Phasen im Jahre 1894 an den Stationen: | | | | | | |
	Namen.	Art der Entwickl.-Phase.	Walscheid E.	Wardböhmen P.	Weimar Th.	Weinheim B.	Weissenburg Th.	Wembach H.	Wenings H.
11. 2	Coryl. avell.	e. B.	5. 2	—	8. 2	28. 2	12. 2	14. 2	—
15. 3	Alnus glut.	e. B.	3. 3	8. 4	1. 4	14. 3	17. 3	8. 3	—
6. 4	Larix europ.	e. B.	31. 3	—	31. 3	20. 3	17. 3	28. 3	—
10. 4	Aesculus hipp.	B. O. s.	6. 4	1. 5	5. 4	3. 4	11. 4	4. 4	—
12. 4	Ribes gross.	e. B.	7. 4	1. 5	7. 4	3. 4	10. 4	8. 4	—
13. 4	Acer plat.	e. B.	6. 4	—	9. 4	—	14. 4	10. 4	—
14. 4	Ribes rub.	e. B.	13. 4	1. 5	25. 4	6. 4	14. 4	8. 4	—
14. 4	Tilia grand.	B. O. s.	—	2. 5	12. 5	10. 4	22. 4	7. 4	—
17. 4	Larix europ.	B. O. s.	9. 4	20. 4	3. 4	22. 3	11. 4	2. 4	26. 3
17. 4	Betula alba	e. B.	6. 4	29. 4	26. 4	10. 4	18. 4	7. 4	—
18. 4	Prunus avium	e. B.	6. 4	—	10. 4	10. 4	18. 4	6. 4	11. 4
18. 4	Betula alba	B. O. s.	5. 4	30. 4	26. 4	14. 4	18. 4	10. 4	—
19. 4	Prunus spin.	e. B.	6. 4	—	13. 4	5. 4	20. 4	6. 4	12. 4
19-21.4	Carpinus bet.	B.O.s.-e.B.	12. 4	1. 5	20. 4	10. 4	27. 4	12. 4	2. 4
20. 4	Aesculus hipp.	a. Bel.	16. 4	4. 5	11. 4	10. 4	26. 4	13. 4	—
—	Betula pub.	B. O. s.	—	—	26. 4	8. 4	11. 4	—	—
—	Betula pub.	e. B.	—	—	26. 4	8. 4	18. 4	—	—
21. 4	Fraxinus exc.	e. B.	—	—	12. 4	5. 4	22. 4	11. 4	—
23. 4	Prunus pad.	e. B.	—	—	20. 4	14. 4	21. 4	—	—
23. 4	Pyrus comm.	e. B.	6. 4	7. 5	18. 4	14. 4	20. 4	7. 4	15. 4
24. 4	Fagus sylv.	B. O. s.	7. 4	2. 5	17. 4	10. 4	19. 4	15. 4	6. 4
28. 4	Pyrus mal.	e. B.	6. 4	—	20. 4	10. 4	28. 4	15. 4	19. 4
1. 5	Vitis vinif.	B. O. s.	—	—	27. 4	10. 4	29. 4	18. 4	—
1. 5	Quercus ped.	B. O. s.	20. 4	11. 5	13. 4	9. 4	30. 4	19. 4	13. 4
—	Quercus sess.	B. O. s.	—	—	13. 4	10. 4	2. 5	19. 4	—
2. 5	Acer pseud.	e. B.	6. 4	—	27. 4	17. 4	30. 4	17. 4	—
3. 5	Fagus sylv.	Bu. gr.	17. 4	8. 5	12. 5	18. 4	6. 5	27. 4	16. 4
3. 5	Abies pect.	B. O. s.	—	—	—	14. 4	30. 5	1. 5	—
4. 5	Syringa vulg.	e. B.	24. 4	12. 5	3. 5	—	—	—	—
5. 5	Abies excel.	B. O. s.	1. 5	15. 5	1. 5	15. 4	6. 5	28. 4	—
—	Quercus ped.	Beg.d.Sch.	—	14. 5	—	23. 4	6. 5	—	—
—	Quercus sess.	Beg.d.Sch.	—	—	—	23. 4	6. 5	—	—
6. 5	Aesculus hipp.	e. B.	2. 5	16. 5	5. 5	14. 4	5. 5	4. 5	—
9. 5	Crataegus ox.	e. B.	10. 5	—	5. 5	14. 4	29. 4	30. 4	6. 5
12. 5	Quercus ped.	e. B.	21. 4	16. 5	23. 4	15. 4	13. 5	—	—
—	Quercus sess.	e. B.	—	—	23. 4	15. 4	13. 5	—	—
12. 5	Spartium scop.	e. B.	18. 4	16. 5	—	18. 4	—	—	—
14. 5	Quercus ped.	Ei. gr.	28. 4	20. 5	20. 5	21. 4	14. 5	12. 5	12. 5

Pflanzen.

mittl. Eintritt der Entwickl.-Phasen für Giessen.	Der Pflanzen Namen.	Art der Entwickl.-Phase.	Walscheid E.	Wardböhmen P.	Weimar Th.	Weinheim B.	Weissenburg Th.	Wembach H.	Wenings H.
—	Quercus sess.	Ei. gr.	—	—	20. 5	21. 4	14. 5	12. 5	—
15. 5	Cytisus lab.	e. B.	8. 5	18. 5	9. 5	20. 4	—	—	—
16. 5	Sorbus aucup.	e. B.	5. 5	17. 5	12. 5	26. 4	19. 5	—	—
17. 5	Pinus sylv.	e. B.	18. 5	15. 5	—	26. 4	18. 5	8. 5	—
28. 5	Sambucus nig.	e. B.	6. 5	27. 5	2. 5	18. 5	—	1. 6	6. 6
28. 5	Secale cer. hib.	e. B.	16. 5	30. 5	25. 5	18. 5	21. 5	17. 5	28. 5
31. 5	Pinus sylv.	B. O. s.	18. 5	17. 5	15. 5	4. 5	14. 5	5. 5	—
31. 5	Rubus id.	e. B.	28. 5	2. 5	16. 5	—	26. 5	28. 5	—
2. 6	Robinia pseud.	e. B.	—	2. 5	27. 5	18. 5	27. 5	—	—
14. 6	Vitis vinif.	e. B.	5. 6	—	17. 6	6. 6	27. 5	20. 6	—
14. 6	Tritic.vulg.hib.	ε. B.	—	16. 6	17. 6	20. 6	1. 6	13. 6	20. 6
19. 6	Ligustrum vulg.	e. B.	—	—	—	1. 6	—	—	—
20. 6	Ribes rub.	e. F.	25. 6	23. 6	27. 6	15. 6	7. 6	21. 6	—
22. 6	Tilia grand.	э. B.	2. 7	23. 6	1. 7	10. 6	18. 6	16. 6	—
28. 6	Tilia parv.	e. B.	—	27. 6	9. 7	21. 6	20. 6	19. 6	—
29. 6	Avena sat.	e. B.	20. 6	28. 6	13. 7	30. 6	23. 6	28. 6	—
3. 7	Rubus id.	e. F.	26. 6	26. 6	16. 7	14. 6	30. 6	6. 7	—
6. 7	Prunus pad.	e. F.	—	—	13. 7	20. 6	27. 6	—	—
19. 7	Secale cer. hib.	Anf. d. E.	1. 8	22. 7	21. 7	14. 6	2. 7	20. 7	23. 7
31. 7	Sorbus aucup.	e. F.	18. 8	30. 7	20. 8	24. 6	27. 6	—	—
2. 8	Sambucus nig.	e. F.	4. 8	15. 8	27. 8	10. 8	23. 7	14. 8	—
4. 8	Tritic.vulg.hib.	Anf. d. E.	18. 8	7. 7	3. 8	28. 7	20. 7	23. 7	6. 8
9. 8	Avena sat.	Anf. d. E.	10. 8	16. 8	20. 8	4. 8	2. 8	1. 8	6. 8
10. 9	Ligustrum vulg.	e. F.	—	—	—	1. 9	3. 9	—	—
17. 9	Aesculus hipp.	e. F.	14. 9	11. 9	24. 9	6. 9	14. 9	—	—
20. 9	Quercus ped.	e. F.	—	—	—	18. 9	14. 9	—	—
—	Quercus sess.	e. F.	—	—	—	18. 9	25. 9	—	—
28. 9	Sorbus aucup.	a. L. V.	8. 9	15. 9	15. 9	6. 9	14. 9	—	—
10. 10	Aesculus hipp.	a. L. V.	—	25. 9	12. 10	26. 9	30. 9	8. 10	—
13. 10	Betula alba	a. L. V.	2. 10	26. 9	30. 10	22. 9	4. 10	4. 10	—
—	Betula pub.	a. L. V.	—	—	30. 10	—	3. 10	—	—
14. 10	Fagus sylv.	a. L. V.	2. 10	10. 10	30. 10	22. 9	6. 10	6. 10	18. 10
19. 10	Quercus ped.	a. L. V.	12. 10	12. 10	2. 11	30. 9	9. 10	9. 10	28. 10
—	Quercus sess.	a. L. V.	12. 10	—	2. 11	30. 9	13. 10	9. 10	—
21. 10	Larix europ.	a. L. V.	2. 10	1. 10	2. 11	1. 10	30. 9	4. 10	—
Durchschnittliche (Frühjahr ..			+ 2	— 25	— 8	+ 1	— 9	+ 4	— 3
Eintrittszeit der { Sommer ...			— 26	— 16	— 15	+ 22	+ 4	— 14	— 17
Phänomene für (Herbst ...			+ 5	+ 5	— 24	+ 12	+ 4	+ 3	— 6

Pflanzen.

| mittl. Eintritt der Entwickl.-Phasen für Giessen. | Der Pflanzen | | Eintritt der Entwickl.-Phasen im Jahre 1894 an den Stationen: | | | | | | |
	Namen.	Art der Entwickl. Phase.	Wilhelmsthal Th.	Winnenden W.	Wolfgang P.	Woltersdorf P.	Wünnenberg P.	Wurzbach Th.	Zerrin P.
11. 2	Coryl. avell.	e. B.	24. 2	10. 2	8. 2	26. 3	9. 2	7. 3	8. 3
15. 3	Alnus glut.	e. B.	19. 3	18. 3	28. 2	25. 3	23. 3	12. 3	24. 4
6. 4	Larix europ.	e. B.	8. 4	25. 3	23. 3	29. 3	9. 4	1. 4	28. 4
10. 4	Aesculus hipp.	B. O. s.	15. 4	9. 4	2. 4	14. 4	—	24. 4	2. 5
12. 4	Ribes gross.	e. B.	8. 4	10. 4	31. 3	19. 4	6. 4	15. 4	5. 5
13. 4	Acer plat.	e. B.	9. 4	—	4. 4	—	5. 4	17. 4	8. 5
14. 4	Ribes rub.	e. B.	14. 4	12. 4	4. 4	20. 4	10. 4	15. 4	10. 5
14. 4	Tilia grand.	B. O. s.	—	11. 4	6. 4	15. 4	14. 4	18. 5	20. 5
17. 4	Larix europ.	B. O. s.	10. 4	3. 4	—	14. 4	7. 4	15. 4	4. 5
17. 4	Betula alba	e. B.	16. 4	10. 4	9. 4	20. 4	9. 4	25. 4	8. 5
18. 4	Prunus avium	e. B.	17. 4	8. 4	4 4	20. 4	12. 4	—	28. 4
18. 4	Betula alba	B. O. s.	16. 4	8. 4	12. 4	20. 4	9. 4	25. 4	11. 5
19. 4	Prunus spin.	e. B.	18. 4	8. 4	8. 4	21. 4	12. 4	22. 4	14. 5
19-21.4	Carpinus bet.	B.O.s.-e.B.	11. 4	10. 4	9. 4	19. 4	10. 4	—	7-10. 5
20. 4	Aesculus hipp.	a. Bel.	16. 4	15. 4	12. 4	17. 4	—	27. 4	10. 5
—	Betula pub.	B. O. s.	—	—	—	—	—	—	8. 5
—	Betula pub.	e. B.	—	—	—	—	—	—	10. 5
21. 4	Fraxinus exc.	e. B.	22. 4	10. 4	6. 4	—	9. 4	—	3. 5
23. 4	Prunus pad.	e. B.	25. 4	11. 4	9. 4	24. 4	—	—	8. 5
23. 4	Pyrus comm.	e. B.	20. 4	11. 4	9. 4	24. 4	15. 4	20. 4	10. 5
24. 4	Fagus sylv.	B. O. s.	10. 4	12. 4	9. 4	27. 4	10. 4	22. 4	11. 5
28. 4	Pyrus mal.	e. B.	23. 4	17. 4	16. 4	27. 4	18. 4	30. 4	15. 5
1. 5	Vitis vinif.	B. O. s.	—	14. 4	12. 4	27. 4	25. 4	—	—
1. 5	Quercus ped.	B. O. s.	1. 5	15. 4	15. 4	23. 4	25. 4	5. 5	18. 5
—	Quercus sess.	B. O. s.	1. 5	15. 4	15. 4	23. 4	25. 4	—	18. 5
2. 5	Acer pseud.	e. B.	2. 5	—	17. 4	23. 4	25. 4	3. 5	20. 5
3. 5	Fagus sylv.	Bu. gr.	22. 4	28. 4	18. 4	—	28. 4	6. 5	20. 5
3. 5	Abies pect.	B. O. s.	6. 5	28. 4	26. 4	—	30. 4	20. 5	27. 5
4. 5	Syringa vulg.	e. B.	3. 5	24. 4	16. 4	15. 5	29. 4	8. 5	18. 5
5. 5	Abies excel.	B. O. s.	30. 4	2. 5	17. 4	9. 5	3. 5	9. 5	26. 5
—	Quercus ped.	Beg.d.Sch.	—	30. 4	—	13. 5	—	—	16. 5
—	Quercus sess.	Beg.d.Sch.	—	30. 4	—	13. 5	—	—	16. 5
6. 5	Aesculus hipp.	e. B.	8. 5	28. 4	17. 4	—	1. 5	20. 5	20. 6
9. 5	Crataegus ox.	e. B.	10. 5	30. 4	28. 4	16. 5	10. 5	22. 5	28. 5
12. 5	Quercus ped.	e. B.	10. 5	27. 4	26. 4	15. 5	2. 5	18. 5	24. 5
—	Quercus sess.	e. B.	10. 5	27. 4	26. 4	15. 5	—	—	24. 5
12. 5	Spartium scop.	e. B.	28. 5	9. 5	26. 4	—	—	—	3. 6
14. 5	Quercus ped.	Ei. gr.	12. 5	10. 5	—	23. 5	15. 5	18. 5	28. 5

Pflanzen.

| mittl. Eintritt der Entwickl.-Phasen für Giessen. | Der Pflanzen | | Eintritt der Entwickl.-Phasen im Jahre 1894 an den Stationen: | | | | | | |
	Namen.	Art der Entwickl.-Phase.	Wilhelmsthal Th.	Winnenden W.	Wolfgang P.	Woltersdorf P.	Wünnenberg P.	Wurzbach Th.	Zerrin P.
—	Quercus sess.	Ei. gr.	12. 5	10. 5	—	23. 5	—	18. 5	28. 5
15. 5	Cytisus lab.	e. B.	28. 5	—	3. 5	—	11. 5	—	4. 6
16. 5	Sorbus aucup.	e. B.	15. 6	13. 5	5. 5	17. 5	8. 5	—	27. 5
17. 5	Pinus sylv.	e. B.	14. 5	11. 5	—	20. 5	26. 5	20. 5	27. 5
28. 5	Sambucus nig.	e. B.	25. 5	25. 5	20. 5	29. 5	23. 6	10. 6	12. 6
28. 5	Secale cer. hib	e B.	15. 6	23. 5	21. 5	19 5	1. 6	14. 6	10. 6
31. 5	Pinus sylv.	B. O. s.	10. 5	8. 5	26. 4	18. 5	26. 5	—	24. 5
31. 5	Rubus id.	e. B.	1. 6	22. 5	20. 5	29. 5	3. 6	15. 6	16. 6
2. 6	Robinia pseud.	e. B.	20. 6	23. 5	19. 5	3. 6	—	—	14. 6
14. 6	Vitis vinif.	e. B.	15. 6	21. 6	8. 6	12. 6	23. 6	—	—
14. 6	Tritic.vulg.hib.	e. B.	24. 6	16. 6	10. 6	22. 6	3. 7	—	—
19. 6	Ligustrum vulg.	e. B.	—	16. 6	—	13. 6	--	4. 7	—
20. 6	Ribes rub.	e. F.	1. 7	20. 6	18. 6	20. 6	2. 7	10. 7	11. 7
22. 6	Tilia grand.	e. B.	—	30. 6	10. 6	27. 6	2. 7	8. 7	24. 6
28. 6	Tilia parv.	e. B.	4. 7	3. 7	12. 6	5. 7	13. 7	13. 7	3. 7
29. 6	Avena sat.	e. B.	3. 8	5. 7	20. 6	2. 8	13. 7	14. 7	12. 7
3. 7	Rubus id.	e. F.	4. 7	4. 7	1. 7	8. 8	4. 7	—	18. 7
6. 7	Prunus pad.	e. F.	7. 7	5. 7	28. 6	6. 7	—	—	28. 7
19. 7	Secale cer. hib.	Anf. d. E.	1. 8	23. 7	12. 7	11. 8	27. 7	—	25. 7
31. 7	Sorbus aucup.	e. F.	8. 8	25. 7	—	26. 8	10. 8	—	12. 8
2. 8	Sambucus nig.	e. F.	14. 8	24. 8	5. 8	—	—	—	24. 8
4. 8	Tritic.vulg.hib.	Anf. d. E.	10. 8	1. 8	1. 8	30. 8	16. 8	—	—
9. 8	Avena sat.	Anf. d. E.	18. 8	22. 8	1. 8	30. 7	21. 8	—	16. 8
10. 9	Ligustrum vulg.	e. F.	—	17. 9	—	1. 9	—	—	—
17. 9	Aesculus hipp.	e. F.	27. 9	22. 9	14. 9	—	15. 9	—	18. 10
20. 9	Quercus ped.	e. F.	28. 9	24. 9	—	16. 9	15. 10	—	5. 10
—	Quercus sess.	e. F.	28. 9	24. 9	—	16. 9	15. 10	—	4. 10
28. 9	Sorbus aucup.	a. L. V.	24. 9	20. 9	20. 8	28. 9	23. 9	—	2. 10
10. 10	Aesculus hipp.	a. L. V.	6. 10	4. 10	25. 10	15. 10	25. 9	—	25. 10
13. 10	Betula alba	a. L. V.	8. 10	8. 10	15. 10	13. 10	2. 10	—	29. 10
—	Betula pub.	a. L. V.	8. 10	—	—	—	—	—	29. 10
14. 10	Fagus sylv.	a. L. V.	10. 10	8. 10	20. 10	25. 10	3. 10	—	20. 10
19. 10	Quercus ped.	a. L. V.	13. 10	10. 10	20. 10	25. 10	5. 10	—	27. 10
—	Quercus sess.	a. L. V.	13. 10	10. 10	20. 10	25. 10	5. 10	—	27. 10
21. 10	Larix europ.	a. L. V.	6. 10	20. 10	20. 10	—	16. 10	—	28. 10
Durchschnittliche	Frühjahr ..		—9	—1	+ 2	—12	—3	—13	—29
Eintrittszeit der	Sommer ...		—26	—17	—6	—36	—21	—	—19
Phänomene für	Herbst ...		—1	—5	—6	—10	±0	—	—18

III. Beobachtungen an Vögeln und Insekten.

Vögel.

Mittlerer Eintritt der Beobachtung für Giessen.	Namen.	Zu beobachten.	Ahrweiler P.	Altenau P.	Alt-Hammer P.	Alt-Morschen P.	Alzey H.	Annarode P.	Arnstadt Th.	Aurich P.
—	Fringilla coel.	E. G.	—	9. 3	7. 3	20. 2	12. 2	10. 2	16. 2	8. 2
18. 2	Turdus mer.	E. G.	13. 2	25. 2	11. 3	1. 3	2. 3	20. 3	24. 2	6. 4
21. 2	Alauda arv.	E. G.	9. 2	28. 2	28. 2	24. 2	22. 2	9. 2	20. 2	5. 3
bl. hier	Sturnus vulg.	Ank.	—	—	3. 3	—	—	28. 2	23. 2	11. 2
—	Milvus reg.	Ank.	2. 3	14. 3	—	—	3. 3	—	—	—
1. 3	Motacilla alba	Ank.	25. 2	10. 3	6. 3	—	2. 3	4. 3	4. 3	4. 3
7. 3	Ciconia alba	Ank.	—	—	22. 3	20. 3	—	—	—	10. 4
15. 3	Scolopax rust.	Ank.	2. 3	—	14. 3	16. 3	—	30. 3	1. 3	25. 3
24. 3	Ruticilla tith.	Ank.	2. 3	7. 4	24. 3	16. 3	10. 3	31. 3	20. 3	6. 4
17. 4	Hirundo rust.	Ank.	10 4	24. 4	—	8. 4	6 4	17. 4	13. 4	13. 4
21. 4	Cuculus can.	E. R.	4. 4	—	17. 4	14. 4	8. 4	15. 4	19. 4	15. 4
27. 4	Sylvia lusc.	E. G.	22. 4	—	24. 4	—	7. 4	27. 4	25. 4	22. 4
27. 4	Cypselus apus	Ank.	18. 4	30. 4	26. 4	6. 5	21. 4	27. 4	4. 5	30. 4
13. 5	Oriolus galb.	E. R.	8. 5	—	30. 4	—	20. 4	16. 5	12. 5	17. 5
—	Columba turt.	E. R	8 5	—	8. 5	—	—	10. 5	—	29 4
31. 7	Cypselus apus	Wegz.	13. 8	—	26. 8	—	1. 8	—	2. 8	28. 7
—	Ciconia alba	Wegz.	—	—	17. 8	—	—	—	—	10. 8
bl. hier	Sturnus vulg.	Wegz	—	—	10. 9	—	2. 9	10. 10	6. 9	18. 9
26. 9	Hirundo rust.	Wegz.	22. 9	—	—	21. 9	—	28. 9	11. 9	2. 10
—	Milvus reg.	Wegz.	28. 9	—	—	—	—	—	—	—

Insekten.

Mittlerer Eintritt der Beobachtung für Giessen.	Namen.	Zu beobachten.	Ahrweiler P.	Altenau P.	Alt-Hammer P.	Alt-Morschen P.	Alzey H.	Annarode P.	Arnstadt Th.	Aurich P.
August	Gastr. pini	Auskr. d. R.	—	—	—	—	—	—	—	—
Ende Juni	„	Verp.	—	—	—	—	—	—	—	—
Juli	„	Flugz.	—	—	—	—	—	—	—	—
April	Liparis mon.	Auskr. d. R	—	—	—	—	—	—	—	—
Juni	„	Verp.	—	—	—	—	—	—	—	—
Juli-Aug.	„	Flugz.	—	—	—	—	—	—	—	—
Juli	Dasychira pud.	Auskr. d. R.	—	—	—	—	—	—	—	—
Oktober	„	Verp.	—	—	—	—	—	—	—	—
Mai-Juni	„	Flugz.	—	—	—	—	—	Mai-Juni	—	—
Mai	Cnethocampa pr.	Auskr. d. R.	—	—	—	—	—	—	—	—
Juni	„	Verp.	—	—	—	—	—	—	—	—
August	„	Flugz.	—	—	—	—	—	August	—	—
Mai-Juni	Pissodes not.	Flugz.	—	—	—	—	—	—	—	27. 5
April-Mai	Melolontha vulg.	Flugz.	10. 4	—	—	—	—	Mai	25. 4- 6. 5	18. 5
April-Juni	Hylobius abietis	Flugz.	—	—	—	—	—	—	—	10. 5
April-Juni	Bostrychus typ.	Flugz.	—	—	—	—	—	—	—	7. 6
März-Mai	Hylesinus pinip.	Flugz.	—	—	—	—	—	—	—	—

Vögel.

Mittlerer Eintritt der Beobachtung für Giessen.	Namen.	Zu beobachten.	Baden-Baden B.	Banzenheim E.	Bebra Th.	Beerfelden H.	Beurig P.	Biedenkopf P.	Biederitz P.	Bingenheim H.
—	Fringilla coel.	E. G.	18. 2	1. 3	22. 2	24. 2	14. 2	1. 3	22. 2	23. 2
18. 2	Turdus mer.	E. G.	11. 2	27. 3	4. 3	27. 2	6. 2	3. 3	—	—
21. 2	Alauda arv.	E. G.	20. 2	24. 2	23. 2	27. 2	8. 2	27. 2	22. 2	22. 2
bl. hier	Sturnus vulg.	Ank.	28. 2	19. 2	28. 2	—	—	—	22. 2	—
—	Milvus reg.	Ank.	6. 3	10. 3	8. 3	2. 3	8. 3	—	7. 3	5. 3
1. 3	Motacilla alba	Ank.	2. 3	2. 3	2. 3	9. 3	10. 3	9. 3	3. 3	25. 3
7. 3	Ciconia alba	Ank.	27. 2	—	—	—	—	—	1. 4	27. 2
15. 3	Scolopax rust.	Ank.	14. 3	5. 3	14. 3	12. 3	4. 3	10. 3	13. 3	10. 3
24. 3	Ruticilla tith.	Ank.	12. 3	25. 3	24. 3	17. 4	24. 3	—	4. 4	29. 3
17. 4	Hirundo rust.	Ank.	7. 4	3 4	13. 4	10. 4	8. 4	20. 4	7. 4	10. 4
21. 4	Cuculus can.	E. R.	9. 4	3. 4	16. 4	9. 4	3. 4	11. 4	19. 4	8. 4
27. 4	Sylvia lusc.	E. G.	27. 4	9. 4	28. 4	22. 4	20. 4	9. 5	25. 4	—
27. 4	Cypselus apus	Ank.	13. 4	—	7. 5	1. 5	1. 5	2. 5	20. 4	—
13. 5	Oriolus galb.	E. R.	30. 4	1. 5	8. 5	—	14. 5	—	4. 5	13. 4
—	Columba turt.	E. R.	27. 4	3. 5	7. 5	7. 5	7. 5	6. 5	4. 5	—
31. 7	Cypselus apus	Wegz.	18. 9	—	12. 8	2. 8	18. 8	31. 7	6. 8	—
—	Ciconia alba	Wegz.	12. 8	—	—	—	—	—	20. 8	18. 8
bl. hier	Sturnus vulg.	Wegz.	10. 10	29. 9	12. 10	—	—	—	18. 10	—
26. 9	Hirundo rust.	Wegz.	15. 9	10. 9	22. 10	12. 9	24. 9	27. 9	28. 9	25. 9
—	Milvus reg.	Wegz.	6. 10	24. 11	14. 10	—	20. 10	—	28. 9	—

Insekten.

Mittlerer Eintritt der Beobachtung für Giessen.	Namen.	Zu beobachten.	Baden-Baden B.	Banzenheim E.	Bebra Th.	Beerfelden H.	Beurig P.	Biedenkopf P.	Biederitz P.	Bingenheim H.
August	Gastr. pini	Auskr. d. R.	—	—	—	—	—	—	—	—
Ende Juni	"	Verp.	—	—	—	—	—	—	—	—
Juli	"	Flugz.	—	—	—	—	—	—	—	—
April	Liparis mon.	Auskr. d. R.	—	—	—	—	—	—	—	—
Juni	"	Verp.	—	—	—	—	—	—	—	—
Juli-Aug.	"	Flugz.	—	—	—	—	—	—	—	—
Juli	Dasychira pud.	Auskr. d. R.	—	—	—	—	—	—	—	—
Oktober	"	Verp.	—	—	—	—	—	—	—	—
Mai-Juni	"	Flugz.	—	—	—	—	—	—	—	—
Mai	Cnethocampa pr.	Auskr. d. R.	—	—	—	—	—	—	—	—
Juni	"	Verp.	—	—	—	—	—	—	—	—
August	"	Flugz.	—	—	—	—	—	—	—	—
Mai-Juni	Pissodes not.	Flugz.	—	Ende April Anf. Mai	—	—	—	—	—	—
April-Mai	Melolontha vulg.	Flugz.	—	Anf. Mai	—	—	—	—	—	—
April-Juni	Hylobius abietis	Flugz.	—	Anf. Juni	—	—	—	—	—	—
April-Juni	Bostrychus typ.	Flugz.	—	—	—	—	—	—	—	—
März-Mai	Hylesinus pinip.	Flugz.	—	—	—	—	—	—	—	—

Vögel.

Mittlerer Eintritt der Beobachtung für Giessen.	Namen.	Zu beobachten.	St. Blasien B.	Blofeld H.	Braetz P.	Braunlage Br.	Brödlauken P.	Büdingen H.	Cappe P.	Carlsberg P.
					Datum der Beobachtung im Jahre 1894 an den Stationen:					
—	Fringilla coel.	E. G.	24. 2	16. 2	21. 2	28. 2	2. 3	2. 2	6. 3	10. 3
18. 2	Turdus mer.	E. G.	5. 5	—	19. 3	2. 4	14. 3	27. 2	28. 3	—
21. 2	Alauda arv.	E. G.	—	20. 2	24. 2	10. 3	26. 2	10. 2	1. 3	3. 3
bl. hier	Sturnus vulg.	Ank.	22. 2	1. 3	26. 2	8. 2	26. 2	—	15. 2	3. 3
—	Milvus reg.	Ank.	—	28. 2	16. 3	—	—	1. 2	12. 3	—
1. 3	Motacilla alba	Ank.	—	3. 3	11. 3	10. 3	23. 3	27. 2	6. 3	21. 3
7. 3	Ciconia alba	Ank.	—	28. 2	22. 3	—	22. 3	8. 3	23. 3	—
15. 3	Scolopax rust.	Ank.	30. 3	—	14. 3	8. 4	14. 3	2. 3	7. 3	15. 4
24. 3	Ruticilla tith.	Ank.	11. 3	3. 3	3. 4	—	18. 3	6. 3	26. 3	8. 4
17. 4	Hirundo rust.	Ank.	—	12. 3	4. 4	—	26. 4	5. 4	15. 4	26. 4
21. 4	Cuculus can.	E. R.	—	5. 3	26. 4	27. 4	1. 5	4. 4	25. 4	25. 4
27. 4	Sylvia lusc.	E. G.	26. 4	—	29. 4	—	1. 5	—	25. 4	—
27. 4	Cypselus apus	Ank.	—	20. 4	29. 4	27. 4	—	—	28. 4	7. 8
13. 5	Oriolus galb.	E. R.	—	26. 4	29. 4	—	10. 5	4. 4	9. 5	—
—	Columba turt.	E. R.	—	28. 4	1. 5	—	10. 5	12. 4	5. 5	—
31. 7	Cypselus apus	Wegz.	—	29. 8	15. 8	—	—	21. 7	3. 8	—
—	Ciconia alba	Wegz.	—	5. 9	21. 8	—	25. 8	29. 7	20. 8	30. 8
bl. hier	Sturnus vulg.	Wegz.	—	10. 9	30. 8	—	1. 9	—	20. 10	—
26. 9	Hirundo rust.	Wegz.	—	1. 10	25. 9	—	2. 10	6. 9	5. 10	—
—	Milvus reg.	Wegz.	—	10. 10	26. 9	—	—	—	20. 10	—

Insekten.

Mittlerer Eintritt für Giessen.	Namen.	Zu beobachten.	St. Blasien B.	Blofeld H.	Braetz P.	Braunlage Br.	Brödlauken P.	Büdingen H.	Cappe P.	Carlsberg P.
August	Gastr. pini	Auskr. d. R.	—	—	—	—	—	—	—	—
Ende Juni	„	Verp.	—	—	—	—	—	—	—	—
Juli	„	Flugz.	—	—	Juli	—	—	—	—	—
April	Liparis mon.	Auskr. d. R.	—	—	—	—	—	—	—	—
Juni	„	Verp.	—	—	—	—	—	—	—	—
Juli-Aug.	„	Flugz.	—	—	Juli-Aug	—	—	—	—	—
Juli	Dasychira pud.	Auskr. d. R.	—	—	—	—	—	Juni	—	—
Oktober	„	Verp.	—	—	—	—	—	End. Sept. Anf Okt.	—	—
Mai-Juni	„	Flugz.	—	—	—	—	—	EndApril	—	—
Mai	Cnethocampa pr.	Auskr. d. R.	—	—	—	—	—	—	—	—
Juni	„	Verp.	—	—	—	—	—	—	—	—
August	„	Flugz.	—	—	—	—	—	—	—	—
Mai-Juni	Pissodes not.	Flugz.	—	—	—	—	—	—	—	—
April-Mai	Melolontha vulg.	Flugz.	—	—	—	—	—	—	—	28. 5
April-Juni	Hylobius abietis	Flugz.	—	—	—	Mai-Juni	—	—	—	10. 5
April-Juni	Bostrychus typ.	Flugz.	—	—	—	—	—	—	—	EndeMai
März-Mai	Hylesinus pinip.	Flugz.	—	—	—	—	—	—	—	—

Vögel.

Mittlerer Eintritt der Beobachtung für Giessen.	Namen.	Zu beobachten.	Château-Salins E.	Claushagen P.	Clötze P.	Dambach E.	Daumen E.	Diebolsheim E.	Dietzhausen P.	Diez a. L. P.
—	Fringilla coel.	E. G.	26. 2	21. 3	8. 2	20. 2	20. 2	20. 2	1. 3	8. 2
18. 2	Turdus mer.	E. G.	5. 3	20. 3	28. 3	23. 2	16. 2	12. 3	15. 4	15. 4
21. 2	Alauda arv.	E. G.	9. 2	15. 2	12. 2	20. 2	22 2	28. 2	1. 3	7. 2
bl. hier	Sturnus vulg.	Ank.	23. 2	2. 3	8. 2	—	10. 2	15. 2	23. 2	—
—	Milvus reg.	Ank.	6. 3	—	12. 3	—	10. 3	5. 3	15. 4	4. 3
1. 3	Motacilla alba	Ank.	18. 3	18. 3	5. 3	4. 3	7. 3	4. 3	8. 3	1. 3
7. 3	Ciconia alba	Ank.	—	31. 3	6. 4	24. 2	—	10. 3	—	—
15. 3	Scolopax rust.	Ank.	10. 3	14. 3	7. 3	2. 3	8. 3	4. 3	—	1. 3
24. 3	Ruticilla tith.	Ank.	23. 3	29. 3	28. 3	3. 3	10. 3	20. 3	29. 3	15. 3
17. 4	Hirundo rust.	Ank.	6. 4	19. 4	14. 4	—	10. 4	10. 4	26. 4	—
21. 4	Cuculus can.	E. R.	5. 4	28. 4	24. 4	5. 4	8. 4	3. 4	16. 4	5. 4
27. 4	Sylvia lusc.	E. G.	20. 4	—	12. 5	11. 4	—	12. 4	—	20. 4
27. 4	Cypselus apus	Ank.	28. 4	1. 5	1. 5	13. 4	22. 4	7. 4	21. 4	16. 4
13. 5	Oriolus galb.	E. R.	5. 5	12. 5	6. 5	4. 5	29. 4	29. 4	4. 5	28. 5
—	Columba turt.	E. R.	29. 4	2. 5	4. 5	5. 5	17. 5	8. 5	—	7. 5
31. 7	Cypselus apus	Wegz.	8. 9	19. 9	14. 8	9. 9	16. 8	23. 9	5. 9	24. 9
—	Ciconia alba	Wegz.	—	1. 9	12. 8	25. 8	—	20. 8	—	—
bl. hier	Sturnus vulg.	Wegz.	5. 9	20. 10	20. 9	—	23. 8	12. 11	10. 9	—
26. 9	Hirundo rust.	Wegz.	16. 10	—	24. 9	—	—	24. 9	21. 9	—
—	Milvus reg.	Wegz.	28. 10	—	20. 9	—	—	30. 9	10. 9	2. 10

Insekten.

Mittlerer Eintritt der Beobachtung für Giessen.	Namen.	Zu beobachten.	Château-Salins E.	Claushagen P.	Clötze P.	Dambach E.	Daumen E.	Diebolsheim E.	Dietzhausen P.	Diez a. L. P.
August	Gastr. pini	Auskr. d. R.	—	—	—	—	August	—	—	—
Ende Juni	"	Verp.	—	—	—	—	Juni	—	—	—
Juli	"	Flugz.	—	—	—	—	Juli	—	—	—
April	Liparis mon.	Auskr. d. R.	—	—	—	—	—	—	—	—
Juni	"	Verp.	—	—	—	—	—	—	—	—
Juli-Aug.	"	Flugz.	—	—	—	—	—	—	—	—
Juli	Dasychira pud.	Auskr. d. R.	—	—	—	—	Juli	—	—	8. 7
Oktober	"	Verp.	—	—	—	—	Oktober	—	—	15. 10
Mai-Juni	"	Flugz.	—	—	—	—	Mai-Juni	—	—	20. 5
Mai	Cnethocampa pr.	Auskr. d. R.	—	—	—	—	—	15. 5	—	—
Juni	"	Verp.	—	—	—	—	—	27. 6	—	—
August	"	Flugz.	—	—	—	—	—	August	—	—
Mai-Juni	Pissodes not.	Flugz.	—	—	—	—	—	—	—	—
April-Mai	Melolontha vulg.	Flugz.	—	Apr-Mai	—	—	—	—	28.4-1.7	—
April-Juni	Hylobius abietis	Flugz.	27. 4	Apr-Mai	—	—	—	—	—	—
April-Juni	Bostrychus typ.	Flugz.	—	—	—	—	—	—	—	—
März-Mai	Hylesinus pinip.	Flugz.	—	—	—	—	—	—	—	—

Vögel.

Mittlerer Eintritt der Beobachtung für Giessen.	Namen.	Zu beobachten.	Datum der Beobachtung im Jahre 1894 an den Stationen:							
			Dingken P.	Dippmannsdorf P.	Dorf-Erbach H.	Driedorf P.	Ebersdorf Th.	Eberswalde P.	Eichenberg P.	Eichquast P.
—	Fringilla coel.	E. G.	20.3	6.3	6.3	7.2	23.2	27.2	10.2	23.3
18.2	Turdus mer.	E. G.	—	5.3	1.3	7.3	—	4.3	4.4	9.3
21.2	Alauda arv.	E. G.	2.3	27.2	6.3	15.2	—	1.3	6.2	28.2
bl. hier	Sturnus vulg.	Ank.	5.3	7.3	—	10.3	22.2	1.3	17.2	3.3
—	Milvus reg.	Ank.	—	—	—	7.3	19.3	—	10.4	8.3
1.3	Motacilla alba	Ank.	21.3	20.3	14.3	8.3	5.3	2.3	10.3	12.3
7.3	Ciconia alba	Ank.	31.3	2.3	—	—	—	3.3	—	4.4
15.3	Scolopax rust.	Ank.	22.3	17.3	—	9.3	—	12.3	12.3	8.3
24.3	Ruticilla tith.	Ank.	—	20.4	7.3	8.3	—	—	26.3	12.3
17.4	Hirundo rust.	Ank.	30.4	10.4	20.4	15.4	14.4	10.4	17.4	14.4
21.4	Cuculus can.	E. R.	27.4	17.4	9.4	6.4	17.4	27.4	24.4	27.4
27.4	Sylvia lusc.	E. G.	—	—	—	—	—	20.4	1.5	30.4
27.4	Cypselus apus	Ank.	30.4	—	24.4	15.4	—	15.4	26.4	29.4
13.5	Oriolus galb.	E. R.	6.5	7.5	—	—	—	—	7.5	8.5
—	Columba turt.	E. R.	27.4	20.4	22.3	8.5	—	10.5	—	30.4
31.7	Cypselus apus	Wegz.	28.5	—	12.9	—	—	—	8.8	24.7
—	Ciconia alba	Wegz.	15.8	—	—	—	—	—	—	14.8
bl. hier	Sturnus vulg.	Wegz.	26.9	—	14.11	—	—	24.9	10.9	10.9
26.9	Hirundo rust.	Wegz.	20.9	—	20.9	—	—	28.9	20.9	8.10
—	Milvus reg.	Wegz.	—	—	—	26.6	—	—	—	—

Insekten.

Mittlerer Eintritt	Namen.	Zu beobachten.	Dingken P.	Dippmannsdorf P.	Dorf-Erbach H.	Driedorf P.	Ebersdorf Th.	Eberswalde P.	Eichenberg P.	Eichquast P.
August	Gastr. pini	Auskr. d. R.	—	—	—	—	—	—	—	—
Ende Juni	„	Verp.	—	—	—	—	—	—	—	—
Juli	„	Flugz.	—	—	—	—	—	—	—	—
April	Liparis mon.	Auskr. d. R.	—	—	—	—	—	—	—	April
Juni	„	Verp.	—	—	—	—	—	—	—	10.6
Juli-Aug.	„	Flugz.	—	—	—	—	—	—	—	10.7
Juli	Dasychira pud.	Auskr. d. R.	—	—	—	—	—	—	—	—
Oktober	„	Verp.	—	—	—	—	—	—	—	—
Mai-Juni	„	Flugz.	—	—	—	—	—	—	—	—
Mai	Cnethocampa pr.	Auskr. d. R.	—	—	—	—	—	—	—	—
Juni	„	Verp.	—	—	—	—	—	—	—	—
August	„	Flugz.	—	—	—	—	—	—	—	—
Mai-Juni	Pissodes not.	Flugz.	—	—	—	—	—	—	—	Mai
April-Mai	Melolontha vulg.	Flugz.	9.5	—	—	15.4	—	—	2.5	Mai
April-Juni	Hylobius abietis	Flugz.	15.4	—	—	—	—	—	—	6.5
April-Juni	Bostrychus typ.	Flugz.	6.6	—	—	—	—	—	—	—
März-Mai	Hylesinus pinip.	Flugz.	10.4	—	—	—	—	—	—	—

Vögel.

Mittlerer Eintritt der Beobachtung für Giessen.	Namen.	Zu beobachten.	Datum der Beobachtung im Jahre 1894 an den Stationen:							
			Eisenach Th.	Eltville P.	Elzerath P.	Engen B.	Eppingen B.	Erbenhausen Th.	Ernsee Th.	Ernstthal Th.
—	Fringilla coel.	E. G.	26. 2	26. 2	2. 3	1. 3	—	5. 3	8. 2	3. 3
18. 2	Turdus mer.	E. G.	15. 2	26 2	3. 4	—	—	10. 3	—	—
21. 2	Alauda arv.	E. G.	15. 2	13. 2	9. 2	28. 2	—	10. 2	27. 2	2. 3
bl. hier	Sturnus vulg.	Ank.	3. 2	—	—	—	26. 2	30. 1	20. 2	27. 2
—	Milvus reg.	Ank.	—	28. 2	—	—	—	27. 2	—	—
1. 3	Motacilla alba	Ank.	26. 2	28. 2	3. 3	—	—	28. 2	10. 3	3. 3
7. 3	Ciconia alba	Ank.	—	—	—	—	1. 3	—	—	—
15. 3	Scolopax rust.	Ank.	—	5. 3	5. 3	—	10. 3	8. 4	28. 3	—
24. 3	Ruticilla tith.	Ank.	26. 3	17. 3	30. 3	—	—	21. 3	30. 3	14. 3
17. 4	Hirundo rust.	Ank.	20. 4	10. 4	6. 4	—	12. 4	11. 3	12. 4	13. 4
21. 4	Cuculus can.	E. R.	25. 4	—	6. 4	9. 4	9. 4	17. 4	10. 4	16. 4
27. 4	Sylvia lusc.	E. G.	2. 5	20. 4	—	—	—	—	—	—
27. 4	Cypselus apus	Ank.	29. 4	25. 4	29. 4	—	26. 4	—	20. 4	—
13. 5	Oriolus galb.	E. R.	—	5. 5	—	—	—	—	8. 5	—
—	Columba turt.	E. R.	—	2. 5	2. 5	—	—	1. 5	12. 4	—
31. 7	Cypselus apus	Wegz.	27. 7	5. 8	1. 8	—	—	—	8. 8	—
—	Ciconia alba	Wegz.	—	—	—	—	14. 8	—	—	—
bl. hier	Sturnus vulg.	Wegz.	22. 11	—	—	—	—	8. 11	25. 9	—
26. 9	Hirundo rust.	Wegz.	20. 9	21. 9	20. 9	—	—	3. 9	10. 10	—
—	Milvus reg.	Wegz.	—	—	—	—	—	20. 10	—	—

Insekten.

Mittlerer Eintritt der Beobachtung für Giessen.	Namen.	Zu beobachten.	Eisenach Th.	Eltville P.	Elzerath P.	Engen B.	Eppingen B.	Erbenhausen Th.	Ernsee Th.	Ernstthal Th.
August	Gastr. pini	Auskr. d. R.	—	—	—	—	—	—	—	—
Ende Juni	„	Verp.	—	—	—	—	—	—	—	—
Juli	„	Flugz.	—	—	—	—	—	—	—	—
April	Liparis mon.	Auskr. d. R.	—	—	—	—	—	—	—	—
Juni	„	Verp.	—	—	—	—	—	—	—	—
Juli-Aug.	„	Flugz.	—	—	—	—	—	—	—	—
Juli	Dasychira pud.	Auskr. d. R.	—	30. 5	26. 6	—	—	—	—	—
Oktober	„	Verp.	—	15. 9	Oktober	—	—	—	—	—
Mai-Juni	„	Flugz.	—	28. 4	9.5 - 1.6	—	—	—	—	—
Mai	Cnethocampa pr.	Auskr. d. R.	—	—	—	—	—	—	—	—
Juni	„	Verp.	—	—	—	—	—	—	—	—
August	„	Flugz.	—	—	—	—	—	—	—	—
Mai-Juni	Pissodes not.	Flugz.	—	—	—	—	—	—	—	—
April-Mai	Melolontha vulg.	Flugz.	Mitte Mai	—	8. 5	10. 4	—	—	April	—
April-Juni	Hylobius abietis	Flugz.	—	—	—	—	—	—	—	—
April-Juni	Bostrychus typ.	Flugz.	—	—	—	—	—	—	Mrz-Juni	—
März-Mai	Hylesinus pinip.	Flugz.	April	—	—	—	—	—	—	—

Vögel.

Mittlerer Eintritt der Beobachtung für Giessen.	Namen.	Zu beobachten.	Datum der Beobachtung im Jahre 1894 an den Stationen:							
			Escherode P.	Ettlingen B.	Eulenkopf E.	Feldkrücken H.	Finkenloch H.	Flörsbach P.	Födersdorf P.	Frankenau P.
—	Fringilla coel.	E. G.	3. 3	15. 2	—	20. 2	26. 2	28. 1	—	1. 3
18. 2	Turdus mer.	E. G.	—	8. 3	—	1. 3	14. 3	15. 3	—	1. 3
21. 2	Alauda arv.	E. G.	11. 3	1. 3	—	7. 2	27. 2	16. 2	28. 2	8. 2
bl. hier	Sturnus vulg.	Ank.	10. 2	12. 2	2. 3	28. 1	—	—	4. 4	25. 1
—	Milvus reg.	Ank.	—	5. 3	3. 3	—	1. 3	—	—	1. 3
1. 3	Motacilla alba	Ank.	21: 3	6. 3	1. 3	17. 3	26. 2	27. 2	24. 3	28. 2
7. 3	Ciconia alba	Ank.	—	10. 3	—	—	—	—	24. 3	—
15. 3	Scolopax rust.	Ank.	—	16. 3	4. 3	28. 3	15. 3	12. 3	15. 3	13. 3
24. 3	Ruticilla tith.	Ank.	31. 3	16. 3	16. 3	28. 3	10. 3	5. 4	—	25. 3
17. 4	Hirundo rust.	Ank.	8. 4	11. 4	3. 4	18. 4	10. 4	2. 5	27. 4	19. 4
21. 4	Cuculus can.	E. R.	21. 4	9. 4	5. 4	19. 4	9. 4	16. 4	26. 4	28. 3
27. 4	Sylvia lusc.	E. G.	—	26. 4	—	—	—	—	—	—
27. 4	Cypselus apus	Ank.	—	24. 4	15. 4	3. 5	—	4. 5	—	7. 5
13. 5	Oriolus galb.	E. R.	—	27. 4	22. 5	—	12. 5	—	20. 5	—
—	Columba turt.	E. R.	—	25. 4	—	28. 4	12. 5	13. 5	—	1. 5
31. 7	Cypselus apus	Wegz.	—	15. 8	15. 8	27. 7	—	—	—	25. 7
—	Ciconia alba	Wegz.	—	10. 8	—	—	—	—	—	—
bl. hier	Sturnus vulg.	Wegz.	—	1. 10	20. 11	1. 8	—	—	—	—
26. 9	Hirundo rust.	Wegz.	—	10. 10	28. 9	20. 9	17. 9	—	17. 9	20. 9
—	Milvus reg.	Wegz.	—	25. 9	—	—	30. 9	—	—	28. 10

Insekten.

Mittlerer Eintritt der Beobachtung für Giessen.	Namen.	Zu beobachten.	Escherode P.	Ettlingen B.	Eulenkopf E.	Feldkrücken H.	Finkenloch H.	Flörsbach P.	Födersdorf P.	Frankenau P.
August	Gastr. pini	Auskr. d. R.	—	—	—	—	—	—	—	—
Ende Juni	„	Verp.	—	—	—	—	—	—	—	—
Juli	„	Flugz.	—	—	—	—	—	—	—	—
April	Liparis mon.	Auskr. d. R.	—	—	—	—	—	—	—	—
Juni	„	Verp.	—	—	—	—	—	—	—	—
Juli-Aug.	„	Flugz.	—	—	—	—	—	—	—	—
Juli	Dasychira pud.	Auskr. d. R.	—	—	Juli	—	Anf. Juli	Anf. Juli	—	—
Oktober	„	Verp.	—	—	Oktober	—	20. 10	—	—	—
Mai-Juni	„	Flugz.	—	—	Mai-Juni	12. 6-23. 6	Mai-Juni	Mitt. Mai	—	—
Mai	Cnethocampa pr.	Auskr. d. R.	—	—	—	—	—	—	—	—
Juni	„	Verp.	—	—	—	—	—	—	—	—
August	„	Flugz.	—	—	—	—	—	—	—	—
Mai-Juni	Pissodes not.	Flugz.	—	—	Mai	—	—	—	—	—
April-Mai	Melolontha vulg.	Flugz.	—	—	—	18. 4-20. 5	—	—	—	24. 4-10. 6
April-Juni	Hylobius abietis	Flugz.	—	—	Apr-Mai	—	—	Mai	—	—
April-Juni	Bostrychus typ.	Flugz.	—	—	—	—	—	—	—	—
März-Mai	Hylesinus pinip.	Flugz.	—	—	—	—	—	—	—	—

Vögel.

Mittlerer Eintritt der Beobachtung für Giessen.	Namen.	Zu beobachten.	Datum der Beobachtung im Jahre 1894 an den Stationen:							
			Frauensee Th.	Freiburg i. B. B.	Freyburg a. U. P.	Friedrichsrode P.	Friedrichsthal P.	Fritzen P.	Gedern H.	Gengenbach B.
—	Fringilla coel.	E. G.	22. 2	10. 2	28. 2	3. 3	5. 3	6. 3	—	24. 2
18. 2	Turdus mer.	E. G.	9. 3	—	—	3. 3	—	1. 4	—	1. 3
21. 2	Alauda arv.	E. G.	27. 2	12. 2	4. 3	12. 2	20. 2	1. 3	1. 3	—
bl. hier	Sturnus vulg.	Ank.	27. 2	28. 2	28. 2	6. 3	—	15. 3	—	28. 2
—	Milvus reg.	Ank.	13. 3	1. 3	14. 3	9. 4	—	—	—	—
1. 3	Motacilla alba	Ank.	2. 3	1. 3	15. 3	4. 3	10. 3	24. 3	—	12. 3
7. 3	Ciconia alba	Ank.	7. 3	1. 3	20. 3	—	23. 3	26. 3	—	28. 2
15. 3	Scolopax rust.	Ank.	9. 3	14. 3	—	28. 3	—	20. 3	—	—
24. 3	Ruticilla tith.	Ank.	21. 3	27. 3	15. 3	10. 3	21. 3	—	—	8. 3
17. 4	Hirundo rust.	Ank.	18. 4	—	6. 4	11. 4	13. 4	—	—	2. 4
21. 4	Cuculus can.	E. R.	15. 4	5. 4	24. 4	8. 4	24. 4	26. 4	—	4. 4
27. 4	Sylvia lusc.	E. G.	—	—	19. 4	—	—	30. 4	—	—
27. 4	Cypselus apus	Ank.	—	—	3. 4	21. 4	—	1. 5	—	26. 4
13. 5	Oriolus galb.	E. R.	15. 5	14. 4	30. 4	11. 4	—	4. 5	25. 4	23. 5
—	Columba turt.	E. R.	9. 5	5. 4	16. 5	5. 5	8. 5	6. 5	—	—
31. 7	Cypselus apus	Wegz.	—	—	9. 8	18. 9	—	30. 8	—	3. 8
—	Ciconia alba	Wegz.	—	17. 8	10. 8	—	—	25. 8	—	18. 8
bl. hier	Sturnus vulg.	Wegz.	—	6. 10	16. 8	11. 10	—	20. 10	5. 11	—
26. 9	Hirundo rust.	Wegz.	31. 8	—	29. 8	22. 9	3. 10	—	—	—
—	Milvus reg.	Wegz.	—	—	—	11. 10	—	—	—	—

Insekten.

			Frauensee Th.	Freiburg i. B. B.	Freyburg a. U. P.	Friedrichsrode P.	Friedrichsthal P.	Fritzen P.	Gedern H.	Gengenbach B.
August	Gastr. pini	Auskr. d. R.	—	—	—	August	—	—	—	—
Ende Juni	„	Verp.	—	—	—	Juni	—	—	—	—
Juli	„	Flugz.	—	—	—	Juli	—	—	—	—
April	Liparis mon.	Auskr. d. R.	—	—	—	—	Mai	—	—	—
Juni	„	Verp.	—	—	—	—	Juli	—	—	—
Juli-Aug.	„	Flugz.	—	—	—	Juli	Juli Aug	—	—	—
Juli	Dasychira pud.	Auskr. d. R.	—	—	—	Juli	—	—	—	—
Oktober	„	Verp.	—	—	—	Oktober	—	—	—	—
Mai-Juni	„	Flugz.	—	—	—	Juni	—	—	August	—
Mai	Cnethocampa pr.	Auskr. d. R.	—	—	—	—	—	—	—	—
Juni	„	Verp.	—	—	—	—	—	—	—	—
August	„	Flugz.	—	—	—	—	—	—	—	—
Mai-Juni	Pissodes not.	Flugz.	—	—	—	—	Juni	—	—	—
April-Mai	Melolontha vulg.	Flugz.	—	—	15. 5-30. 5	Mai	—	10. 5	Apr-Mai	—
April-Juni	Hylobius abietis	Flugz.	—	—	—	Juni	11. 4-20. 6	—	—	—
April-Juni	Bostrychus typ.	Flugz.	—	—	—	Juni	Juli	5. 5	—	—
März-Mai	Hylesinus pinip.	Flugz.	—	—	—	—	Mai	1. 5	—	—

Vögel.

Mittlerer Eintritt der Beobachtung für Giessen.	N a m e n.	Zu beobachten.	Datum der Beobachtung im Jahre 1894 an den Stationen:							
			Gera Th.	Gerlachsheim B.	Germerode P.	Giessen H.	Glindfeld P.	Grammentin P.	Grebenhain H.	Greifenhain H.
—	Fringilla coel.	E. G.	21. 2	1. 3	10. 2	—	—	28. 3	28. 2	7. 3
18. 2	Turdus mer.	E. G.	6. 3	12. 3	1. 3	—	—	—	1. 3	2. 3
21. 2	Alauda arv.	E. G.	20. 2	15. 2	12. 3	1. 3	—	14. 2	12. 2	2. 3
bl. hier	Sturnus vulg.	Ank.	17. 2	22. 2	20. 2	—	—	11. 2	14. 2	20. 2
—	Milvus reg.	Ank.	—	10. 3	—	—	—	10. 3	3. 3	—
1. 3	Motacilla alba	Ank.	16. 3	28. 2	1. 3	8. 3	13. 3	11. 3	1. 3	28. 2
7. 3	Ciconia alba	Ank.	—	—	—	—	—	24. 3	—	14. 3
15. 3	Scolopax rust.	Ank.	—	8. 3	2. 3	4. 3	15. 3	12. 3	13. 3	15. 3
24. 3	Ruticilla tith.	Ank.	21. 3	9. 3	4. 3	17. 3	12. 3	—	31. 3	—
17. 4	Hirundo rust.	Ank.	24. 4	17. 4	12. 4	—	—	15. 4	20. 4	6. 4
21. 4	Cuculus can.	E. R.	16. 4	6. 4	8. 4	6. 4	11. 4	29. 4	10. 4	10. 4
27. 4	Sylvia lusc.	E. G.	—	23. 4	—	—	—	14. 5	—	—
27. 4	Cypselus apus	Ank.	13. 5	20. 4	23. 4	14. 4	—	—	28. 5	30. 4
13. 5	Oriolus galb.	E. R.	9. 5	14. 5	—	16. 5	—	12. 5	—	—
—	Columba turt.	E. R.	19. 5	8. 5	28. 4	10. 5	—	14. 5	16. 4	—
31. 7	Cypselus apus	Wegz.	—	—	4. 8	—	—	—	—	—
—	Ciconia alba	Wegz.	—	—	—	—	—	22. 8	—	—
bl. hier	Sturnus vulg.	Wegz.	26. 9	25. 10	15. 12	—	—	13. 10	—	—
26. 9	Hirundo rust.	Wegz.	27. 9	20. 9	30. 9	—	—	26. 9	—	—
—	Milvus reg.	Wegz.	—	20. 9	—	—	—	—	—	—

Insekten.

Mittlerer Eintritt der Beobachtung für Giessen.	N a m e n.	Zu beobachten.	Gera Th.	Gerlachsheim B.	Germerode P.	Giessen H.	Glindfeld P.	Grammentin P.	Grebenhain H.	Greifenhain H.
August	Gastr. pini	Auskr. d. R.	—	—	—	—	—	—	—	—
Ende Juni	„	Verp.	—	—	—	—	—	—	—	—
Juli	„	Flugz.	—	—	—	—	—	—	—	—
April	Liparis mon.	Auskr. d. R.	—	—	—	—	—	—	—	—
Juni	„	Verp.	—	—	—	—	—	—	—	—
Juli-Aug.	„	Flugz.	—	—	—	—	—	—	—	—
Juli	Dasychira pud.	Auskr. d. R.	—	—	—	—	—	—	—	—
Oktober	„	Verp.	—	—	—	—	—	—	—	—
Mai-Juni	„	Flugz.	—	—	—	—	—	—	—	—
Mai	Cnethocampa pr.	Auskr. d. R.	—	—	—	—	—	—	—	—
Juni	„	Verp.	—	—	—	—	—	—	—	—
August	„	Flugz.	—	—	—	—	—	—	—	—
Mai-Juni	Pissodes not.	Flugz.	—	—	—	—	—	—	—	—
April-Mai	Melolontha vulg.	Flugz.	—	Mai-Juni	Mai	—	—	8.-17.5	Mai	—
April-Juni	Hylobius abietis	Flugz.	—	Mai-Juni	Juni	—	—	—	—	—
April-Juni	Bostrychus typ.	Flugz.	—	—	Mai-Juni	—	—	—	—	—
März-Mai	Hylesinus pinip.	Flugz.	April	—	—	—	—	—	—	—

Vögel.

Mittlerer Eintritt der Beobachtung für Giessen.	Namen.	Zu beobachten.	Datum der Beobachtung im Jahre 1894 an den Stationen:							
			Gross-Bieberau H.	Gross-Steinheim H.	Gross-Umstadt a. H.	Gross-Umstadt b. H.	Habichtswald P.	Hagenau E.	Hainbach H.	Haisterbach H.
—	Fringilla coel.	E. G.	15. 3	23. 2	21. 2	28. 2	24. 2	27. 2	15. 2	20. 2
18. 2	Turdus mer.	E. G.	—	25. 2	20. 3	14. 3	22. 3	16. 2	6. 3	15. 3
21. 2	Alauda arv.	E. G.	18. 3	15. 2	17. 2	26. 2	26. 2	25. 2	13. 2	28. 2
bl. hier	Sturnus vulg.	Ank.	—	20. 2	—	—	26. 2	27. 2	—	4. 3
—	Milvus reg.	Ank.	—	4. 3	—	—	—	23. 2	2. 3	10. 3
1. 3	Motacilla alba	Ank.	—	3. 3	28. 2	9. 3	1. 3	1. 3	10. 3	25. 3
7. 3	Ciconia alba	Ank.	20. 3	25. 2	6. 3	2. 3	—	26. 2	—	—
15. 3	Scolopax rust.	Ank.	18. 3	3. 3	–	8. 3	18. 3	7. 3	10. 3	15. 3
24. 3	Ruticilla tith.	Ank.	—	5. 3	14. 3	16. 3	—	22. 3	11. 3	26. 3
17. 4	Hirundo rust.	Ank.	–	28. 4	9. 4	10. 4	—	12. 4	10. 4	12. 4
21. 4	Cuculus can.	E. R.	15. 4	5. 4	11. 4	11. 4	9. 4	4. 4	11. 4	10. 4
27. 4	Sylvia lusc.	E. G.	—	24. 4	—	—	20. 4	18. 4	—	—
27. 4	Cypselus apus	Ank.	—	12. 4	18. 4	20. 4	20. 4	3. 4	14. 4	4. 5
13. 5	Oriolus galb.	E. R.	—	5. 5	7 5	7. 5	—	27. 4	21. 4	6. 5
—	Columba turt.	E. R.	—	5. 5	28. 4	28. 4	1. 5	28. 4	28. 4	10. 5
31. 7	Cypselus apus	Wegz.	—	14. 8	15. 9	18. 9	4. 8	4. 8	10. 8	10. 9
—	Ciconia alba	Wegz.	—	12. 8	30. 8	30. 9	—	24 8	—	—
bl. hier	Sturnus vulg.	Wegz.	—	28. 10	—	—	16. 8	10. 8	–	14. 9
26. 9	Hirundo rust.	Wegz.	—	28. 10	1. 10	1. 10	—	15. 9	30. 9	4. 10
—	Milvus reg.	Wegz.	—	30. 10	—	—	—	—	10. 10	10. 10

Insekten.

Mittlerer Eintritt	Namen.	Zu beobachten.	Gross-Bieberau H.	Gross-Steinheim H.	Gross-Umstadt a. H.	Gross-Umstadt b. H.	Habichtswald P.	Hagenau E.	Hainbach H.	Haisterbach H.
August	Gastr. pini	Auskr. d. R.	—	—	—	—	—	—	—	—
Ende Juni	„	Verp.	—	—	—	—	—	—	—	—
Juli	„	Flugz.	—	—	—	—	—	—	—	—
April	Liparis mon.	Auskr. d. R.	—	—	—	—	—	—	—	—
Juni	„	Verp.	—	—	—	—	—	—	—	—
Juli-Aug.	„	Flugz.	—	—	—	—	—	—	—	—
Juli	Dasychira pud.	Auskr. d. R.	—	—	—	—	—	—	10. 7	—
Oktober	„	Verp.	—	—	—	—	—	—	26. 10	—
Mai-Juni	„	Flugz.	—	—	—	—	—	—	Juni	—
Mai	Cnethocampa pr.	Auskr. d. R.	—	—	—	—	—	—	—	—
Juni	„	Verp.	—	—	—	—	—	—	—	—
August	„	Flugz.	—	—	—	—	—	—	—	—
Mai-Juni	Pissodes not.	Flugz.	—	—	—	—	—	—	—	—
April-Mai	Melolontha vulg.	Flugz.	—	—	—	—	—	Apr-Mai	Mai	—
April-Juni	Hylobius abietis	Flugz.	—	–	—	—	—	Apr-Juni	—	—
April-Juni	Bostrychus typ.	Flugz.	—	–	—	—	—	Apr-Mai	—	—
März-Mai	Hylesinus pinip.	Flugz.	—	—	—	—	—	Mrz-Mai	—	—

Vögel.

Mittlerer Eintritt der Beobachtung für Giessen.	Namen.	Zu beobachten.	Datum der Beobachtung im Jahre 1894 an den Stationen:							
			Harzburg Br.	Hasselfelde Br.	Hasenthal Th.	Heiligkreuz H.	Heimburg Br.	Heinrichsruh bei Schleiz Th.	Heldburg Th.	Heubach H.
—	Fringilla coel.	E. G.	4. 3	—	15. 3	—	4. 3	—	15. 2	27. 2
18. 2	Turdus mer.	E. G.	28. 2	—	—	—	8. 3	—	—	15. 3
21. 2	Alauda arv.	E. G.	28. 2	—	27. 2	—	8. 3	13. 2	10. 2	22. 2
bl. hier	Sturnus vulg.	Ank.	24. 2	—	28. 2	—	17. 3	16. 2	10. 2	—
—	Milvus reg.	Ank.	—	—	—	25. 2	10. 3	—	—	—
1. 3	Motacilla alba	Ank.	14. 3	—	14. 3	—	3. 3	4. 3	10. 3	12. 3
7. 3	Ciconia alba	Ank.	—	—	—	—	—	25. 5	—	—
15. 3	Scolopax rust.	Ank.	15. 3	—	—	1. 3	29. 3	—	10. 3	10. 3
24. 3	Ruticilla tith.	Ank.	3. 4	—	21. 3	—	10. 3	—	20. 3	17. 3
17. 4	Hirundo rust.	Ank.	15. 4	7. 4	—	—	12. 4	17. 4	—	10. 4
21. 4	Cuculus can.	E. R	27. 4	20. 4	23. 4	8. 4	24. 4	25. 4	11. 4	10. 4
27. 4	Sylvia lusc.	E. G.	26. 4	—	—	20. 4	—	—	—	—
27. 4	Cypselus apus	Ank.	22. 4	4. 5	—	20. 4	—	6. 5	—	15. 4
13. 5	Oriolus galb.	E. R.	—	—	—	8. 5	—	—	—	8. 5
—	Columba turt.	E. R.	—	—	—	28 4	12. 4	18. 5	—	26. 4
31. 7	Cypselus apus	Wegz.	28. 8	1. 9	—	—	—	14. 8	—	15. 9
—	Ciconia alba	Wegz.	—	—	—	—	—	—	—	—
bl. hier	Sturnus vulg.	Wegz.	—	—	—	—	10. 9	22. 10	—	—
26. 9	Hirundo rust.	Wegz.	28. 9	20. 9	—	—	8. 9	18. 10	—	3. 10
—	Milvus reg.	Wegz.	—	—	—	—	10. 9	—	—	—

Insekten.

August	Gastr. pini	Auskr. d. R.	—	—	—	—	—	—	—	—
Ende Juni	„	Verp.	—	—	—	—	—	—	—	—
Juli	„	Flugz.	—	—	—	—	—	—	—	—
April	Liparis mon.	Auskr. d. R.	—	—	—	—	—	—	—	—
Juni	„	Verp.	—	—	—	—	—	—	—	—
Juli-Aug.	„	Flugz.	—	—	—	—	—	—	—	—
Juli	Dasychira pud.	Auskr. d. R.	—	—	—	—	—	—	—	—
Oktober	„	Verp.	—	—	—	—	—	—	—	—
Mai-Juni	„	Flugz.	—	—	—	—	—	—	—	—
Mai	Cnethocampa pr.	Auskr. d. R.	—	—	—	—	—	—	—	—
Juni	„	Verp.	—	—	—	—	—	—	—	—
August	„	Flugz.	—	—	—	—	—	—	—	—
Mai-Juni	Pissodes not.	Flugz.	24. 4	—	—	—	—	—	—	—
April-Mai	Melolontha vulg.	Flugz.	11. 4	—	—	—	—	—	—	—
April-Juni	Hylobius abietis	Flugz.	—	—	—	—	Mai-Aug	Mai-Juni	—	—
April-Juni	Bostrychus typ.	Flugz.	12. 5	—	—	—	EndeMai	Mai	—	—
März-Mai	Hylesinus pinip.	Flugz.	—	—	—	—	—	—	—	—

Vögel.

Mittlerer Eintritt der Beobachtung für Giessen.	Namen.	Zu beobachten.	Datum der Beobachtung im Jahre 1894 an den Stationen:							
			Heyda Th.	Hilders P.	Hirschkopf E.	Hohenheim W.	Hohenholte P.	Hollerath P.	Hüppelröttchen P.	Hürtgen b. Düren P.
—	Fringilla coel.	E. G.	3. 3	2. 4	8. 3	16. 2	12. 2	16. 3	14. 2	24. 2
18. 2	Turdus mer.	E. G.	20. 3	5. 3	5. 4	16. 2	15. 3	2. 3	14. 3	19. 2
21. 2	Alauda arv.	E. G.	28. 2	3. 3	—	24. 2	1. 3	14. 3	—	2. 3
bl. hier	Sturnus vulg.	Ank.	25. 2	20. 2	—	24. 2	28. 2	15. 3	—	4. 3
—	Milvus reg.	Ank.	—	—	—	—	—	—	3. 3	8. 3
1. 3	Motacilla alba	Ank.	6. 3	2. 4	12. 3	24. 3	10. 3	21. 3	2. 3	10. 3
7. 3	Ciconia alba	Ank.	10. 3	—	—	28. 2	—	—	—	—
15. 3	Scolopax rust.	Ank.	15. 3	3. 3	25. 3	10. 3	11. 3	28. 3	3. 3	15. 11
24. 3	Ruticilla tith.	Ank.	18. 3	—	28. 3	17. 3	15. 3	6. 4	—	8. 3
17. 4	Hirundo rust.	Ank.	—	15. 4	—	8. 4	15. 4	20. 5	16. 4	12. 4
21. 4	Cuculus can.	E. R.	22. 4	18. 4	12. 4	6. 4	12. 4	11. 4	16. 4	18. 4
27. 4	Sylvia lusc.	E. G.	—	—	—	—	16. 4	—	—	3. 5
27. 4	Cypselus apus	Ank.	17. 4	—	—	3. 5	21. 4	—	17. 4	21. 4
13. 5	Oriolus galb.	E. R.	25. 5	—	—	8. 5	14. 4	—	8. 5	—
—	Columba turt.	E. R.	20. 5	8. 5	—	16. 5	12. 4	16. 5	13. 5	4. 5
31. 7	Cypselus apus	Wegz	—	—	—	10. 8	6. 8	—	—	10. 8
—	Ciconia alba	Wegz.	—	—	—	—	—	—	—	—
bl. hier	Sturnus vulg.	Wegz.	—	28. 10	—	28. 9	21. 8	25. 10	—	—
26. 9	Hirundo rust.	Wegz.	20. 9	20. 10	—	29. 9	28. 9	15. 10	28. 9	8. 9
—	Milvus reg.	Wegz.	—	—	—	—	—	—	—	12. 9

Insekten.

Mittlerer Eintritt der Beobachtung für Giessen.	Namen.	Zu beobachten.	Heyda Th.	Hilders P.	Hirschkopf E.	Hohenheim W.	Hohenholte P.	Hollerath P.	Hüppelröttchen P.	Hürtgen b. Düren P.
August	Gastr. pini	Auskr. d. R.	—	—	—	—	—	—	—	—
Ende Juni	„	Verp.	—	—	—	—	—	—	—	—
Juli	„	Flugz.	—	—	—	—	—	—	—	—
April	Liparis mon.	Auskr. d. R.	—	—	—	—	—	—	—	—
Juni	„	Verp.	—	—	—	—	—	—	—	—
Juli-Aug.	„	Flugz.	—	—	—	—	—	—	—	—
Juli	Dasychira pud.	Auskr. d. R.	—	—	—	—	—	—	—	—
Oktober	„	Verp.	—	—	—	—	—	—	—	—
Mai-Juni	„	Flugz.	—	—	—	—	—	—	—	—
Mai	Cnethocampa pr.	Auskr. d. R.	—	—	—	—	—	—	—	—
Juni	„	Verp.	—	—	—	—	—	—	—	—
August	„	Flugz.	—	—	—	—	—	—	—	—
Mai-Juni	Pissodes not.	Flugz.	—	—	—	—	—	—	—	15.5-1.7
April-Mai	Melolontha vulg.	Flugz.	—	Mai-Juni	—	25. 4	—	—	—	2. 5
April-Juni	Hylobius abietis	Flugz.	—	Mai-Juni	—	—	—	—	8.5-13.7	3.5-1.7
April-Juni	Bostrychus typ.	Flugz	—	—	Apr-Juni	—	—	—	—	1. 7
März-Mai	Hylesinus pinip.	Flugz.	—	—	Mrz-Mai	—	—	—	—	28. 4

Vögel.

Mittlerer Eintritt der Beobachtung für Giessen.	Namen.	Zu beobachten.	Datum der Beobachtung im Jahre 1894 an den Stationen:							
			Ibenhorst P.	St. Johann P.	Johannisburg P.	Judenbach Th.	Karlsruhe B.	Kenzingen B.	Kirchberg P.	Klein-Briesen P.
—	Fringilla coel.	E. G.	20. 2	5. 3	22. 2	17. 3	1. 4	20. 2	12. 2	28. 2
18. 2	Turdus mer.	E. G.	5. 4	—	—	15. 3	15. 3	7. 4	16. 3	13. 4
21. 2	Alauda arv.	E. G.	25. 2	—	—	22. 2	15. 2	22. 2	10. 2	11. 2
bl. hier	Sturnus vulg.	Ank.	2. 3	—	—	20. 2	15. 2	21. 2	—	15. 2
—	Milvus reg	Ank.	20. 3	—	3. 3	—	10. 3	16. 3	10. 3	—
1. 3	Motacilla alba	Ank.	24. 3	3. 3	1. 3	8. 3	—	8. 3	3. 3	6. 3
7. 3	Ciconia alba	Ank.	4. 4	—	—	—	5. 3	12. 3	—	31. 3
15. 3	Scolopax rust.	Ank.	26. 3	6. 3	14. 3	6. 4	20. 2	7. 3	8. 3	—
24. 3	Ruticilla tith.	Ank.	5. 4	—	16. 3	17. 3	15. 3	15. 3	20. 3	24. 3
17. 4	Hirundo rust.	Ank.	28. 4	15. 4	7. 4	—	20. 3	9. 4	—	28. 4
21. 4	Cuculus can.	E. R.	30. 4	6. 4	7. 4	24. 4	5. 4	5. 4	6. 4	28. 4
27. 4	Sylvia lusc.	E. G.	5. 5	25. 4	—	—	7. 4	17. 4	5. 5	26. 4
27. 4	Cypselus apus	Ank.	6. 5	25. 4	—	25. 4	15. 4	15. 4	14. 4	26. 4
13. 5	Oriolus galb.	E. R.	15. 5	7. 5	5. 5	—	15. 4	25. 4	15. 5	22. 4
—	Columba turt.	E. R.	10. 5	15. 5	10. 5	—	1. 5	29. 4	10. 5	22. 4
31. 7	Cypselus apus	Wegz.	15. 5	5. 7	—	—	1. 8	8. 8	10. 8	10. 9
—	Ciconia alba	Wegz.	20. 5	—	—	—	6. 8	24. 8	—	16. 8
bl. hier	Sturnus vulg.	Wegz.	22. 9	—	—	—	20. 10	20..10	5. 9	16, 10
26. 9	Hirundo rust.	Wegz.	30. 9	20. 9	10. 9	—	12. 10	26. 9	25. 9	—
—	Milvus reg.	Wegz.	15. 9	—	20. 9	—	20. 9	5. 10	6. 10	—

Insekten.

Mittlerer Eintritt der Beobachtung für Giessen.	Namen.	Zu beobachten.	Ibenhorst P.	St. Johann P.	Johannisburg P.	Judenbach Th.	Karlsruhe B.	Kenzingen B.	Kirchberg P.	Klein-Briesen P.
August	Gastr. pini	Auskr. d. R.	—	—	—	—	—	—	—	—
Ende Juni	„	Verp.	—	—	—	—	—	—	—	—
Juli	„	Flugz.	—	—	—	—	—	—	—	—
April	Liparis mon.	Auskr. d. R.	—	—	—	—	—	—	—	—
Juni	„	Verp.	—	—	—	—	—	—	—	—
Juli-Aug.	„	Flugz.	—	—	—	—	—	—	—	—
Juli	Dasychira pud.	Auskr. d. R.	—	Juli	Mai	—	—	—	—	—
Oktober	„	Verp.	—	Oktober	—	—	—	—	—	—
Mai-Juni	„	Flugz.	—	Mai	—	—	—	—	—	—
Mai	Cnethocampa pr.	Auskr. d. R.	—	—	—	—	Mai	—	—	—
Juni	„	Verp.	—	—	—	—	Anf. Juli	—	—	—
August	„	Flugz.	—	—	—	—	August	—	—	—
Mai-Juni	Pissodes not.	Flugz.	—	—	—	—	—	—	—	—
April-Mai	Melolontha vulg.	Flugz.	—	—	—	—	Mai	April	Mai-Juni	—
April-Juni	Hylobius abietis	Flugz.	—	—	—	—	—	—	April	—
April-Juni	Bostrychus typ.	Flugz.	—	—	—	—	—	—	—	—
März-Mai	Hylesinus pinip.	Flugz.	—	—	—	—	—	—	—	—

Vögel.

Mittlerer Eintritt der Beobachtung für Giessen.	Namen.	Zu beob- achten.	Königsthal (Blie- dungen I) P.	Königsthal (Blie- dungen II) P.	Kottwitz P.	Kröckelbach H.	Kurwien P.	Kyllburg P.	Lahnhof P.	Lahr B.
—	Fringilla coel.	E. G.	27. 2	27. 2	25. 2	10. 2	3. 3	16. 2	26. 2	15. 2
18. 2	Turdus mer.	E. G.	9. 2	10. 2	10. 3	1. 3	—	10. 2	10. 3	25. 2
21. 2	Alauda arv.	E. G.	27. 2	27. 2	23. 2	10. 2	28. 2	—	25. 2	—
bl. hier	Sturnus vulg.	Ank.	9. 2	9. 2	17. 2	—	6. 3	10. 3	9. 3	10. 2
—	Milvus reg.	Ank.	31. 3	22. 3	20. 3	—	10. 3	10. 3	—	25. 3
1. 3	Motacilla alba	Ank.	4. 3	3. 3	29. 3	20. 3	14. 3	12. 3	8. 3	1. 3
7. 3	Ciconia alba	Ank.	—	—	30. 3	—	2. 4	—	—	3. 3
15. 3	Scolopax rust.	Ank.	—	—	28. 3	—	14. 3	9. 3	10. 3	1. 3
24. 3	Ruticilla tith.	Ank.	17. 3	16. 3	28. 3	—	—	18. 3	15. 4	10. 3
17. 4	Hirundo rust.	Ank.	10. 4	11. 4	15. 4	15. 4	20. 4	—	2. 5	18. 4
21. 4	Cuculus can.	E. R.	10. 4	10. 4	15. 4	5. 5	16. 4	10. 4	16. 4	—
27. 4	Sylvia lusc.	E. G.	—	—	18. 4	—	—	25. 4	—	—
27. 4	Cypselus apus	Ank.	—	—	—	25. 5	28. 4	22. 4	—	—
13. 5	Oriolus galb.	E. R.	1. 5	30. 4	3. 5	—	6. 5	—	—	6. 5
—	Columba turt.	E. R.	—	—	23. 4	—	29. 4	12. 5	14. 5	—
31. 7	Cypselus apus	Wegz.	—	—	—	—	18. 8	—	—	10. 9
—	Ciconia alba	Wegz.	—	—	24. 8	—	22. 8	—	—	12. 8
bl. hier	Sturnus vulg.	Wegz.	—	—	8. 10	—	20. 9	20. 9	—	10. 11
26. 9	Hirundo rust.	Wegz.	—	—	19. 9	—	27. 9	2. 10	—	10. 9
—	Milvus reg.	Wegz.	—	—	1. 10	—	—	15. 9	—	1. 11

Insekten.

Mittlerer Eintritt der Beobachtung für Giessen.	Namen.	Zu beob- achten.	Königsthal (Blie- dungen I) P.	Königsthal (Blie- dungen II) P.	Kottwitz P.	Kröckelbach H.	Kurwien P.	Kyllburg P.	Lahnhof P.	Lahr B.
August	Gastr. pini	Auskr. d. R.	—	—	—	—	—	—	—	—
Ende Juni	„	Verp.	—	—	—	—	—	—	—	—
Juli	„	Flugz.	—	—	—	—	1-15. 8	—	—	—
April	Liparis mon.	Auskr. d. R.	—	—	—	—	—	—	—	—
Juni	„	Verp.	—	—	—	—	—	—	—	—
Juli-Aug.	„	Flugz.	—	—	—	—	—	—	—	—
Juli	Dasychira pud.	Auskr. d. R.	—	—	—	—	—	—	—	—
Oktober	„	Verp.	—	—	—	—	—	—	—	—
Mai-Juni	„	Flugz.	—	—	—	—	—	Oktober	—	—
Mai	Cnethocampa pr.	Auskr. d. R.	—	—	—	—	—	—	—	—
Juni	„	Verp.	—	—	—	—	End. Aug	—	—	—
August	„	Flugz.	—	—	—	—	—	—	—	—
Mai-Juni	Pissodes not.	Flugz.	—	—	—	—	—	—	—	—
April-Mai	Melolontha vulg.	Flugz.	—	—	Mai	—	25. 4- 15. 5	—	—	—
April-Juni	Hylobius abietis	Flugz.	—	—	—	—	Anf. Mai	—	Mai	—
April-Juni	Bostrychus typ.	Flugz.	—	—	—	—	Juli	—	Mai	—
März-Mai	Hylesinus pinip.	Flugz.	—	—	—	—	1. 4-1. 6	—	—	—

Vögel.

Mittlerer Eintritt der Beobachtung für Giessen.	Namen.	Zu beobachten.	Datum der Beobachtung im Jahre 1894 an den Stationen:							
			Landeck P.	Langenau W.	Lehmannsbrück Th.	St. Leon B.	Leszno b. Schönsee P.	Lich H.	Lichtenberg Br.	Lintzel P.
—	Fringilla coel.	E. G.	—	27. 2	27. 2	—	16. 3	28. 2	—	24. 3
18. 2	Turdus mer.	E. G.	—	17. 3	20. 3	15. 3	6. 3	9. 3	—	15. 3
21. 2	Alauda arv.	E. G.	26. 2	11. 2	26. 2	12. 2	28. 2	15. 2	1. 3	5. 3
bl. hier	Sturnus vulg.	Ank.	—	25. 2	18. 2	—	2. 3	bleibt!	—	13. 2
—	Milvus reg.	Ank.	—	1. 3	—	—	—	15. 3	27. 3	—
1. 3	Motacilla alba	Ank.	1. 3	15. 2	13. 2	—	11. 3	2. 3	—	23. 3
7. 3	Ciconia alba	Ank.	26. 3	—	—	3. 3	23. 3	6. 3	—	23. 3
15. 3	Scolopax rust.	Ank.	—	—	—	2-18.3	—	5. 3	22. 3	10. 3
24. 3	Ruticilla tith.	Ank.	—	10. 3	24. 3	16. 3	5. 4	16. 3	16. 3	30. 3
17. 4	Hirundo rust.	Ank.	14. 4	16. 4	5. 4	—	6. 4	14. 4	—	20. 4
21. 4	Cuculus can.	E. R.	27. 4	7. 4	26. 4	2. 4	24. 4	9. 4	24. 4	1. 5
27. 4	Sylvia lusc.	E. G.	—	—	—	12. 4	4. 5	—	—	26. 4
27. 4	Cypselus apus	Ank.	—	4. 5	—	7. 4	—	20. 4	—	5. 5
13. 5	Oriolus galb.	E. R.	7. 5	4. 5	—	30. 4	2. 5	—	9. 5	—
—	Columba turt.	E. R.	—	—	3. 5	24. 4	3. 5	8. 5	—	11. 3
31. 7	Cypselus apus	Wegz.	—	15. 8	—	—	—	—	—	10. 9
—	Ciconia alba	Wegz.	—	—	—	—	16. 8	7. 8	—	—
bl. hier	Sturnus vulg.	Wegz.	—	27. 9	—	—	3. 10	9. 8	—	10. 9
26. 9	Hirundo rust.	Wegz.	—	28. 9	10. 10	—	—	bleibt!	—	15. 9
—	Milvus reg.	Wegz.	—	12. 10	—	—	—	30. 9	—	—

Insekten.

Mittlerer Eintritt der Beobachtung für Giessen.	Namen.	Zu beobachten.	Landeck P.	Langenau W.	Lehmannsbrück Th.	St. Leon B.	Leszno b. Schönsee P.	Lich H.	Lichtenberg Br.	Lintzel P.
August	Gastr. pini	Auskr. d. R.	—	—	—	—	—	—	—	—
Ende Juni	„	Verp.	—	—	—	—	—	—	—	—
Juli	„	Flugz.	—	—	—	—	—	—	—	—
April	Liparis mon.	Auskr. d. R.	—	—	—	—	—	—	—	24. 4
Juni	„	Verp.	—	—	—	—	—	—	—	—
Juli-Aug.	„	Flugz.	—	—	—	—	—	19.6-2.8	—	—
Juli	Dasychira pud.	Auskr. d. R.	—	—	—	—	—	—	—	—
Oktober	„	Verp.	—	—	—	—	—	—	—	—
Mai-Juni	„	Flugz.	—	—	—	—	—	—	—	—
Mai	Cnethocampa pr.	Auskr. d. R.	—	—	—	—	—	—	—	1. 6
Juni	„	Verp.	—	—	—	—	—	—	—	—
August	„	Flugz.	—	—	—	—	—	—	—	—
Mai-Juni	Pissodes not.	Flugz.	—	—	—	—	—	—	—	—
April-Mai	Melolontha vulg.	Flugz.	2. 5	Apr-Juni	Mai	—	26. 4	—	25.4-5.5	1. 5
April-Juni	Hylobius abietis	Flugz.	13. 4	—	Mai-Juni	—	—	10.4-8.7	—	—
April-Juni	Bostrychus typ.	Flugz.	—	—	—	—	—	—	—	—
März-Mai	Hylesinus pinip.	Flugz.	25. 4	—	Mai	—	29. 3	—	—	—

Vögel.

Mittlerer Eintritt der Beobachtung für Giessen.	Namen.	Zu beobachten.	Datum der Beobachtung im Jahre 1894 an den Stationen:							
			Linz P.	Lissberg H.	Lohhecken P.	Lörrach B.	Lutterbach E.	Lützelbach E.	Marienthal Br.	Meierei E.
—	Fringilla coel.	E. G.	7. 2	25. 2	20. 2	28. 2	17. 2	1. 3	18. 2	28. 2
18. 2	Turdus mer.	E. G.	3. 2	15. 3	11. 3	1. 3	—	20. 3	—	28. 2
21. 2	Alauda arv.	E. G.	3. 3	20. 2	15. 2	—	—	3. 3	18. 2	—
bl. hier	Sturnus vulg.	Ank.	19. 1	10. 3	20. 3	—	—	—	17. 3	—
—	Milvus reg.	Ank.	—	6. 3	15. 3	8. 3	24. 2	—	16. 3	—
1. 3	Motacilla alba	Ank.	7. 3	1. 3	5. 3	—	28. 2	8. 3	16. 3	28. 2
7 3	Ciconia alba	Ank.	—	15. 3	10. 3	—	—	4. 3	24. 4	—
15. 3	Scolopax rust.	Ank.	8. 3	20. 3	10—28.3	13. 3	2. 3	11. 3	—	10. 3
24. 3	Ruticilla tith.	Ank.	25. 3	20. 3	21. 3	—	4. 3	12. 3	2. 4	4. 3
17. 4	Hirundo rust.	Ank.	20. 4	10. 4	15. 4	—	8. 4	—	18. 4	—
21. 4	Cuculus can.	E. R.	8. 4	12. 4	15. 4	29. 3	3. 4	4. 4	28. 4	9. 4
27. 4	Sylvia lusc.	E. G.	13. 4	—	20. 4	—	17. 4	22. 4	26. 4	—
27. 4	Cypselus apus	Ank.	13. 4	—	—	—	27. 4	30. 4	14. 5	—
13. 5	Oriolus galb.	E. R.	10. 4	—	4. 5	26. 4	23. 4	4. 5	22. 5	—
—	Columba turt.	E. R.	10. 5	5. 5	4. 5	29. 4	5. 5	8. 5	14. 5	—
31. 7	Cypselus apus	Wegz.	25. 6	—	—	—	—	—	8. 8	—
—	Ciconia alba	Wegz.	—	—	25. 8	—	—	20. 8	23. 8	—
bl. hier	Sturnus vulg.	Wegz.	—	20. 8	30. 9	—	—	—	26. 12	—
26. 9	Hirundo rust.	Wegz.	1. 10	25. 9	21. 9	—	—	—	4. 10	—
—	Milvus reg.	Wegz.	—	—	5. 10	—	—	—	—	—

Insekten.

			Linz P.	Lissberg H.	Lohhecken P.	Lörrach B.	Lutterbach E.	Lützelbach E.	Marienthal Br.	Meierei E.
August	Gastr. pini	Auskr. d. R.	—	—	21. 8	—	—	—	—	—
Ende Juni	„	Verp.	—	—	24. 6	—	—	—	—	—
Juli	„	Flugz.	—	—	15. 7	—	—	—	—	—
April	Liparis mon.	Auskr. d. R.	—	—	—	—	—	—	—	—
Juni	„	Verp.	—	—	—	—	—	—	—	—
Juli-Aug.	„	Flugz.	—	—	—	—	—	—	—	—
Juli	Dasychira pud.	Auskr. d. R.	—	10. 6	—	—	—	—	—	—
Oktober	„	Verp.	—	—	—	—	—	—	—	—
Mai-Juni	„	Flugz.	—	10. 5	—	—	—	—	—	—
Mai	Cnethocampa pr.	Auskr. d. R.	—	—	—	—	—	—	—	—
Juni	„	Verp.	—	—	—	—	—	—	—	—
August	„	Flugz.	—	—	—	—	—	—	—	—
Mai-Juni	Pissodes not.	Flugz.	—	—	End. Mai	—	—	—	—	—
April-Mai	Melolontha vulg.	Flugz.	—	—	Mitt. Mai	—	—	—	30. 4	—
April-Juni	Hylobius abietis	Flugz.	25. 4	—	Mitt. Apr	—	—	—	20. 4	—
April-Juni	Bostrychus typ.	Flugz.	—	—	—	—	—	—	—	Mrz-Nov
Marz-Mai	Hylesinus pinip.	Flugz.	—	—	April, Mai und Juni	—	—	—	—	—

Vögel.

Mittlerer Eintritt der Beobachtung für Giessen.	Namen.	Zu beobachten.	Datum der Beobachtung im Jahre 1894 an den Stationen:							
			Melkerei E.	Messkirch B.	Metzeral E.	Minden i. W. P.	Mirau P.	Mirchau P.	Mitteldick H.	Mombronn E.
—	Fringilla coel.	E. G.	27.2	2.3	25.2	15.3	—	1.3	1.3	16.2
18.2	Turdus mer.	E. G.	27.2	20.2	15.1	17.2	26.3	3.4	20.3	16.2
21.2	Alauda arv.	E. G.	—	19.2	—	26.2	—	3.3	—	6.2
bl. hier	Sturnus vulg.	Ank.	—	26.2	25.2	15.2	18.3	4.3	10.4	—
—	Milvus reg.	Ank.	—	1.3	—	—	8.4	11.3	—	—
1.3	Motacilla alba	Ank.	19.3	28.2	5.3	21.3	9.3	29.3	9.3	15.3
7.3	Ciconia alba	Ank.	—	—	—	8.4	23.3	1.4	27.2	—
15.3	Scolopax rust.	Ank.	22.3	15.3	—	8.3	3.3	27.3	5.3	1.3
24.3	Ruticilla tith.	Ank.	23.3	28.3	13.3	10.4	—	—	20.3	—
17.4	Hirundo rust.	Ank.	—	19.4	—	10.4	—	—	12.4	17.4
21.4	Cuculus can.	E. R.	9.4	16.4	2.4	14.4	20.4	27.4	11.4	5.4
27.4	Sylvia lusc.	E. G.	—	—	—	14.4	5.5	—	—	—
27.4	Cypselus apus	Ank.	—	5.5	—	—	26.4	3.5	—	—
13.5	Oriolus galb.	E. R.	—	—	—	18.5	26.5	—	4.5	6.5
—	Columba turt.	E. R.	—	—	—	7.5	28.5	10.5	14.5	8.5
31.7	Cypselus apus	Wegz.	—	6.8	—	—	—	—	—	—
—	Ciconia alba	Wegz.	—	—	—	—	12.8	17.8	—	—
bl. hier	Sturnus vulg.	Wegz.	—	6.10	—	29.9	—	—	—	—
26.9	Hirundo rust.	Wegz.	—	20.9	—	2.10	—	—	30.9	27.9
—	Milvus reg.	Wegz.	—	16.9	—	—	—	—	—	—

Insekten.

Mittlerer Eintritt der Beobachtung für Giessen.	Namen.	Zu beobachten.	Melkerei E.	Messkirch B.	Metzeral E.	Minden i. W. P.	Mirau P.	Mirchau P.	Mitteldick H.	Mombronn E.
August	Gastr. pini	Auskr. d. R.	—	—	—	—	August	—	—	—
Ende Juni	„	Verp.	—	—	—	—	Juni	—	—	—
Juli	„	Flugz.	—	—	—	—	Juli	—	—	—
April	Liparis mon.	Auskr. d. R.	—	—	—	—	—	—	—	—
Juni	„	Verp.	—	—	—	—	—	—	—	—
Juli-Aug.	„	Flugz.	—	August	—	—	—	—	—	—
Juli	Dasychira pud.	Auskr. d. R.	—	—	—	—	—	—	—	—
Oktober	„	Verp.	—	—	—	—	—	—	—	—
Mai-Juni	„	Flugz.	—	—	—	—	—	—	—	—
Mai	Cnethocampa pr.	Auskr. d. R.	—	—	—	—	—	—	—	—
Juni	„	Verp.	—	—	—	—	—	—	—	—
August	„	Flugz.	—	—	—	—	—	—	—	—
Mai-Juni	Pissodes not.	Flugz.	—	24.5	Juni-Juli	—	—	—	—	—
April-Mai	Melolontha vulg.	Flugz.	—	Juni	Apr-Mai	18.4-7.6	Mai	25.5	10.4-20.5	16.4
April-Juni	Hylobius abietis	Flugz.	—	—	Mai-Juni	—	Apr-Mai	2.6	—	—
April-Juni	Bostrychus typ.	Flugz.	—	—	—	—	—	—	—	—
März-Mai	Hylesinus pinip.	Flugz.	—	—	Apr-Mai	17.3-2.6	April	—	—	—

Vögel.

Mittlerer Eintritt der Beobachtung für Giessen.	Namen.	Zu beobachten.	Datum der Beobachtung im Jahre 1894 an den Stationen:							
			Mosbach B.	Nesselgrund P.	Neuenheerse P.	Neuhaus P.	Neupfalz P.	Neustadt a. R. Th.	Neu-Sternberg P.	Nidda H.
—	Fringilla coel.	E. G.	—	28.2	20.1	—	23.2	8.3	10.3	27.2
18.2	Turdus mer.	E. G.	—	29.3	19.2	8.3	16.2	20.4	16.4	4.3
21.2	Alauda arv.	E. G.	—	28.3	16.2	1.3	22.2	28.3	28.2	22.2
bl. hier	Sturnus vulg.	Ank.	10.3	28.2	21.1	—	16.1	26.2	15.3	—
—	Milvus reg.	Ank.	20.3	—	20.3	—	—	—	13.3	12.3
1.3	Motacilla alba	Ank.	—	29.3	12.3	4.3	1.3	—	25.3	5.3
7.3	Ciconia alba	Ank.	—	—	—	5.4	—	—	29.3	10.3
15.3	Scolopax rust.	Ank.	2.3-27.3	—	15.3 (u. 10.4)	23.3	8.3	—	13.3	—
24.3	Ruticilla tith.	Ank.	—	3.4	12.3	10.4	15.3	15.4	—	—
17.4	Hirundo rust.	Ank.	—	15.4	—	11.4	17.4	14.4	—	—
21.4	Cuculus can.	E. R.	9.4	27.4	7.4	25.4	5.4	23.4	25.4	4.4
27.4	Sylvia lusc.	E. G.	—	—	—	28.4	20.4	—	20.4	—
27.4	Cypselus apus	Ank.	—	23.4	15.4	—	24.4	—	29.4	—
13.5	Oriolus galb.	E. R.	—	—	14.5	13.5	8.5	—	14.5	5.5
—	Columba turt.	E. R.	—	10.5	—	7.5	8.5	—	9.5	—
31.7	Cypselus apus	Wegz.	—	20.8	30.8	—	20.9	—	—	—
—	Ciconia alba	Wegz.	—	—	—	—	—	—	20.8	—
bl. hier	Sturnus vulg.	Wegz.	15.10	10.10	1.12	—	—	22.9	22.9	—
26.9	Hirundo rust.	Wegz.	10.10	15.9	20.9	10.9	20.9	17.9	22.9	—
—	Milvus reg.	Wegz.	—	—	—	—	—	—	—	—

Insekten.

	Namen.	Zu beobachten.	Mosbach B.	Nesselgrund P.	Neuenheerse P.	Neuhaus P.	Neupfalz P.	Neustadt a. R. Th.	Neu-Sternberg P.	Nidda H.
August	Gastr. pini	Auskr. d. R.	—	—	—	—	—	—	—	—
Ende Juni	„	Verp.	—	—	—	—	—	—	—	—
Juli	„	Flugz.	—	—	—	—	—	—	—	—
April	Liparis mon.	Auskr. d. R.	—	—	—	—	—	—	—	—
Juni	„	Verp.	—	—	—	—	—	—	—	—
Juli-Aug.	„	Flugz.	—	—	—	—	—	—	—	—
Juli	Dasychira pud.	Auskr. d. R.	15.7	—	—	—	—	—	—	—
Oktober	„	Verp.	Anf. Okt.	—	—	—	—	—	—	—
Mai-Juni	„	Flugz.	Juni	—	—	—	—	—	—	—
Mai	Cnethocampa pr.	Auskr. d. R.	—	—	—	—	—	—	—	—
Juni	„	Verp.	—	—	—	—	—	—	—	—
August	„	Flugz.	—	—	—	—	—	—	—	—
Mai-Juni	Pissodes not.	Flugz.	—	—	—	—	—	—	—	—
April-Mai	Melolontha vulg.	Flugz.	—	—	20.5	15.4	—	—	29.4	—
April-Juni	Hylobius abietis	Flugz.	—	—	—	18.4	—	12.4-17.8	—	—
April-Juni	Bostrychus typ.	Flugz.	—	—	1-10.5	—	—	—	16.4	—
März-Mai	Hylesinus pinip.	Flugz.	—	—	—	10.4	—	—	—	—

Vögel.

Mittlerer Eintritt der Beobachtung für Giessen.	Namen.	Zu beobachten.	Datum der Beobachtung im Jahre 1894 an den Stationen:							
			Oberems P.	Ober-Klingen H.	Obernkirchen P.	Ober-Rosbach H.	Oberspier Th.	Oliva b. Danzig P.	Paruschowitz P.	St. Peter E.
—	Fringilla coel.	E. G.	8. 3	22. 2	20. 2	25. 2	21. 2	4. 2	7. 3	25. 2
18. 2	Turdus mer.	E. G.	10. 3	23. 3	10. 3	8. 3	1. 3	—	—	25. 2
21. 2	Alauda arv.	E. G.	5. 3	22. 2	—	20. 2	24. 2	10. 2	28. 2	25. 2
bl. hier	Sturnus vulg.	Ank.	20. 2	—	12. 2	—	2. 3	7. 3	1. 3	2. 3
—	Milvus reg.	Ank.	2. 4	—	28. 2	23. 3	4. 3	13. 4	—	10. 3
1. 3	Motacilla alba	Ank.	1. 3	5. 3	7. 3	5. 3	3. 3	16. 3	1. 3	14. 3
7. 3	Ciconia alba	Ank.	—	6. 3	—	—	—	6. 4	24. 3	12. 3
15. 3	Scolopax rust.	Ank.	15. 3	—	22. 3	7. 3	9. 3	2. 4	14. 3	10. 3
24. 3	Ruticilla tith.	Ank.	8. 4	20. 3	24. 3	17. 3	9. 3	—	3. 4	12. 3
17. 4	Hirundo rust.	Ank.	25. 4	6. 4	17. 4	4. 4	9. 4	22. 4	9. 4	1. 5
21. 4	Cuculus can.	E. R.	7. 4	9. 4	30. 4	5. 4	13. 4	27. 4	19. 4	4. 4
27. 4	Sylvia lusc.	E. G.	—	—	27. 4	—	—	2. 5	—	—
27. 4	Cypselus apus	Ank.	7. 5	20. 4	31. 4	27. 4	26. 4	23. 4	—	4. 5
13. 5	Oriolus galb.	E. R.	—	5. 5	—	27. 4	6. 5	25. 4	2. 5	—
—	Columba turt.	E. R.	7. 5	2. 5	10. 5	23. 3	·5. 5	6. 5	1. 5	15. 5
31. 7	Cypselus apus	Wegz.	16. 8	7. 8	7. 8	—	28. 8	—	—	5. 8
—	Ciconia alba	Wegz.	—	24. 8	—	—	—	15. 9	12. 8	20. 8
bl. hier	Sturnus vulg.	Wegz.	31.8-30.11	—	2. 11	—	18. 11	10. 10	10. 10	15. 9
26. 9	Hirundo rust.	Wegz.	7. 10	29. 9	25. 9	30. 9	4. 10	—	29. 9	26. 9
—	Milvus reg.	Wegz.	—	—	12. 10	—	16. 10	—	—	15. 9

Insekten.

			Oberems P.	Ober-Klingen H.	Obernkirchen P.	Ober-Rosbach H.	Oberspier Th.	Oliva b. Danzig P.	Paruschowitz P.	St. Peter E.
August	Gastr. pini	Auskr. d. R.	—	—	—	—	—	—	—	—
Ende Juni	„	Verp.	—	—	—	—	—	—	—	—
Juli	„	Flugz.	—	—	—	—	—	—	—	—
April	Liparis mon.	Auskr. d. R.	—	—	—	—	—	—	—	—
Juni	„	Verp.	—	—	—	—	—	—	—	—
Juli-Aug.	„	Flugz.	—	—	—	—	—	Anf. Aug	—	—
Juli	Dasychira pud.	Auskr. d. R.	5. 7	—	—	—	—	—	—	—
Oktober	„	Verp.	Anf. Nov.	—	—	—	—	—	—	—
Mai-Juni	„	Flugz.	16. 5	—	—	—	—	—	—	—
Mai	Cnethocampa pr.	Auskr. d. R.	—	—	—	—	—	—	—	—
Juni	„	Verp.	—	—	—	—	—	—	—	—
August	„	Flugz.	—	—	—	—	—	—	—	—
Mai-Juni	Pissodes not.	Flugz.	—	—	—	—	—	—	Mai-Juni	Mai-Juni
April-Mai	Melolontha vulg.	Flugz.	—	—	—	—	April	EndeMai	Apr-Mai	Mai
April-Juni	Hylobius abietis	Flugz.	—	—	Apr-Juni	—	—	—	Apr-Juli	Juni
April-Juni	Bostrychus typ.	Flugz.	—	—	—	—	—	—	Apr-Aug	Juni
März-Mai	Hylesinus pinip.	Flugz.	—	—	—	—	—	Mai	Mrz-Mai	Juni

Vögel.

Mittlerer Eintritt der Beobachtung für Giessen.	Namen.	Zu beob-achten.	Datum der Beobachtung im Jahre 1894 an den Stationen:							
			Pfeil P.	Pflanzgarten P.	Pöllwitz Th.	Porcelette E.	Proskau P. [Pomolog. Inst.]	Proskau P.	Rathsfeld Th.	Ratzeburg P.
—	Fringilla coel.	E. G.	15. 7?	1. 3	28. 2	20. 2	8. 3	1. 3	20. 2	—
18. 2	Turdus mer.	E. G.	12. 4	3. 3	21. 3	19. 3	—	27. 3	28. 2	14. 3
21. 2	Alauda arv.	E. G.	10. 3	28. 2	28. 2	19. 2	22. 2	28. 2	24. 2	28. 2
bl. hier	Sturnus vulg.	Ank.	2. 3	3. 3	26. 2	10. 2	—	1. 3	10. 3	8. 3
—	Milvus reg.	Ank.	14. 3	10. 3	—	20. 2	—	—	2. 3	—
1. 3	Motacilla alba	Ank.	12. 3	15. 3	5. 3	12. 3	25. 3	1. 3	9. 3	19. 3
7. 3	Ciconia alba	Ank.	4. 4	21. 3	—	—	4. 4	21. 3	12. 3	18. 3
15. 3	Scolopax rust.	Ank.	21. 3	8. 3	—	25. 2?	—	11. 3	—	21. 3
24. 3	Ruticilla tith.	Ank.	8. 4	22. 3	21. 3	19. 3	—	20. 3	18. 3	—
17. 4	Hirundo rust.	Ank.	25. 4	8. 4	19. 4	12. 4	19. 4	22. 4	22. 4	—
21. 4	Cuculus can.	E. R.	7. 5	2. 5	24. 4	4. 4	28. 4	21. 4	21. 4	27. 4
27. 4	Sylvia lusc.	E. G.	10. 5	—	—	17. 4	21. 4	24. 4	17. 4	—
27. 4	Cypselus apus	Ank.	10. 5	1. 5	—	22. 4	—	2. 5	26. 4	24. 4
13. 5	Oriolus galb.	E. R.	27. 5	3. 5	5. 5	7. 5	6. 5	8. 5	8. 5	10. 5
—	Columba turt.	E. R.	23. 5	9. 5	12. 5	7. 5	—	26. 5	7. 5	6. 5
31. 7	Cypselus apus	Wegz.	26. 5	—	—	13. 8	—	—	26. 7	2. 8
—	Ciconia alba	Wegz.	1. 9	15. 8	—	—	—	17. 8	20. 8	19. 8
bl. hier	Sturnus vulg.	Wegz.	25. 10	4. 10	23. 10	—	—	14. 9	2. 10	3. 8
26. 9	Hirundo rust.	Wegz.	12. 10	1. 10	12. 10	30. 9	—	—	19. 9	—
—	Milvus reg.	Wegz.	15. 10	25. 9	—	—	—	—	5. 10	—

Insekten.

Mittlerer Eintritt der Beobachtung für Giessen.	Namen.	Zu beob-achten.	Pfeil P.	Pflanzgarten P.	Pöllwitz Th.	Porcelette E.	Proskau P. [Pomolog. Inst.]	Proskau P.	Rathsfeld Th.	Ratzeburg P.
August	Gastr. pini	Auskr. d. R.	—	—	—	—	—	—	—	14. 8
Ende Juni	„	Verp.	—	—	—	—	—	—	—	25. 6
Juli	„	Flugz.	—	—	—	—	—	—	—	20. 7
April	Liparis mon.	Auskr. d. R.	—	—	—	—	—	—	—	—
Juni	„	Verp.	—	—	—	—	—	—	—	—
Juli-Aug.	„	Flugz.	—	—	—	—	—	Juli, Aug	—	—
Juli	Dasychira pud.	Auskr. d. R.	—	—	—	—	—	—	Juli	—
Oktober	„	Verp.	—	—	—	—	—	—	—	—
Mai-Juni	„	Flugz.	—	—	—	—	—	—	Mai	—
Mai	Cnethocampa pr.	Auskr. d. R.	—	—	—	—	—	—	—	—
Juni	„	Verp.	—	—	—	—	—	—	—	—
August	„	Flugz.	—	—	—	—	—	—	—	—
Mai-Juni	Pissodes not.	Flugz.	—	—	Mai-Juli	—	—	Mai	—	—
April-Mai	Melolontha vulg.	Flugz.	15.-25.5	20. 4 u. 10. 5	Juni	Mai-Juni	—	Mai	Mai	18.5-1.6
April-Juni	Hylobius abietis	Flugz.	—	Mai	Apr.-Juli	Mai-Juni	—	Apr-Juni	—	20. 5
April-Juni	Bostrychus typ.	Flugz.	—	—	Apr.-Juli	—	—	—	—	—
März-Mai	Hylesinus pinip.	Flugz.	—	Ed. März	Mai-Juni	Apr-Mai	—	Mrz, Apr	—	14. 5

Vögel.

Mittlerer Eintritt der Beobachtung für Giessen.	Namen.	Zu beob- achten.	Datum der Beobachtung im Jahre 1894 an den Stationen:							
			Ravensberg P.	Reinfeld P.	Riddagshausen Br.	Rodacherbrunn Th.	Rogelwitz P.	Rosenfeld P.	Rosengrund P.	Rothebude P.
—	Fringilla coel.	E. G.	8. 3	—	4. 3	3. 3	7. 3	11. 3	6. 3	14. 3
18. 2	Turdus mer.	E. G.	28. 2	—	28. 2	2. 4	11. 3	13. 3	—	20. 3
21. 2	Alauda arv.	E. G.	2. 2	—	24. 2	22. 2	28. 2	22. 2	21. 2	27. 2
bl. hier	Sturnus vulg.	Ank.	15. 2	1. 3	30. 2	25. 2	11. 3	22. 2	7. 3	10. 3
—	Milvus reg.	Ank.	—	—	20. 3	—	18. 4	6. 4	—	—
1. 3	Motacilla alba	Ank.	11. 3	—	11. 3	16. 3	8. 3	10. 3	10. 3	20. 3
7. 3	Ciconia alba	Ank.	—	12. 5	—	—	11. 3	13. 4	22. 3	22. 3
15. 3	Scolopax rust.	Ank.	15. 3	—	12. 3	23. 3	11. 3	—	20. 3	15. 3
24. 3	Ruticilla tith.	Ank.	7. 4	—	22. 3	1. 4	21. 3	2. 4	29. 3	—
17. 4	Hirundo rust.	Ank.	12. 4	—	20. 4	24. 4	9. 4	28. 4	26. 4	25. 4
21. 4	Cuculus can.	E. R.	14. 4	2. 5	23. 4	17. 4	18. 4	17. 4	18. 4	25. 4
27. 4	Sylvia lusc.	E. G.	2. 5	28. 5	1. 5	—	4. 5	15. 4	—	30. 4
27. 4	Cypselus apus	Ank.	25. 4	—	2. 5	—	8. 5	—	26. 4	—
13. 5	Oriolus galb.	E. R.	16. 5	11. 5	11. 5	—	27. 4	20. 4	2. 5	2. 5
—	Columba turt.	E. R.	29. 4	—	—	15. 3	29. 4	5. 5	1. 5	6. 5
31. 7	Cypselus apus	Wegz.	8.-15.8	—	3. 8	—	26. 8	—	27. 9	—
—	Ciconia alba	Wegz.	—	20. 8	12. 8	—	17. 8	11. 8	7. 8	24. 8
bl. hier	Sturnus vulg.	Wegz.	14. 10	1. 10	4. 10	—	10. 9	26. 9	25. 9	—
26. 9	Hirundo rust.	Wegz.	—	—	23. 10	—	5. 10	16. 9	18. 9	—
—	Milvus reg.	Wegz.	—	—	29. 10	—	8. 10	5. 10	—	—

Insekten.

Mittlerer Eintritt der Beobachtung für Giessen.	Namen.	Zu beob- achten.	Ravensberg P.	Reinfeld P.	Riddagshausen Br.	Rodacherbrunn Th.	Rogelwitz P.	Rosenfeld P.	Rosengrund P.	Rothebude P.
August	Gastr. pini	Auskr. d. R.	—	—	—	—	—	—	—	—
Ende Juni	„	Verp.	—	—	—	—	—	—	—	—
Juli	„	Flugz.	—	—	—	—	—	—	—	—
April	Liparis mon.	Auskr. d. R.	—	—	—	—	15. 5	—	—	—
Juni	„	Verp.	—	—	—	—	14. 7	—	—	—
Juli-Aug.	„	Flugz.	—	—	—	—	16. 8	—	—	—
Juli	Dasychira pud.	Auskr. d. R.	—	—	—	—	—	—	—	—
Oktober	„	Verp.	—	—	—	—	—	—	—	—
Mai-Juni	„	Flugz.	—	—	—	—	—	—	—	—
Mai	Cnethocampa pr.	Auskr. d. R.	—	—	—	—	—	—	—	—
Juni	„	Verp.	—	—	—	—	—	—	—	—
August	„	Flugz.	—	—	—	—	—	—	—	—
Mai-Juni	Pissodes not.	Flugz.	—	—	—	—	15. 5	—	—	—
April-Mai	Melolontha vulg.	Flugz.	—	—	26. 4- 15. 5	—	—	—	—	—
April-Juni	Hylobius abietis	Flugz.	—	—	—	—	10. 5	—	Ende April bis Mai	—
April-Juni	Bostrychus typ.	Flugz.	—	—	—	—	—	—	—	—
März-Mai	Hylesinus pinip.	Flugz.	—	—	—	—	—	—	—	—

Vögel.

Mittlerer Eintritt der Beobachtung für Giessen.	Namen.	Zu beob-achten.	Rothenfier P.	Rudingshain H.	Rüthnick P.	Saalburg Th.	Sadlowo P.	Saupark bei Springe P.	Scharfoldendorf Br.	Schiesshaus Br.
—	Fringilla coel.	E. G.	28. 2	20. 2	10. 3	27. 2	3. 3	28. 2	—	28. 2
18. 2	Turdus mer.	E. G.	23. 3	11. 3	26. 3	9. 3	23. 3	2. 3	—	13. 2
21. 2	Alauda arv.	E. G.	23. 2	28. 2	9. 2	22. 2	28. 2	27. 2	—	23. 2
bl. hier	Sturnus vulg.	Ank.	1. 3	12. 2	9. 2	25. 2	6. 3	6. 2	24. 2	—
—	Milvus reg.	Ank.	3. 4	—	—	—	15. 3	26. 2	5. 3	—
1. 3	Motacilla alba	Ank.	15. 3	2. 3	10. 3	6. 3	20. 3	8. 3	8. 3	3. 3
7. 3	Ciconia alba	Ank.	30. 3	—	28. 3	—	22. 3	30. 3	—	—
15. 3	Scolopax rust.	Ank.	12. 3	—	14. 3	28. 3	20. 3	11. 3	—	15. 3
24. 3	Ruticilla tith.	Ank.	10. 4	7. 3	5. 4	18. 3	9. 4	13. 3	20. 3	28. 3
17. 4	Hirundo rust.	Ank.	14. 4	12. 4	12. 4	8. 4	28. 4	13. 4	—	17. 4
21. 4	Cuculus can.	E. R.	25. 4	5, 4	1. 5	23. 4	19. 4	16. 4	24. 4	14. 4
27. 4	Sylvia lusc.	E. G.	—	—	5. 5	—	3. 5	24. 4	—	—
27. 4	Cypselus apus	Ank.	18. 4	6. 5	28. 5	23. 4	25. 4	27. 4	21. 4	22. 4
13. 5	Oriolus galb.	E. R.	9. 5	—	3. 5	—	22. 4	8. 5	—	—
—	Columba turt.	E. R.	21. 5	30. 4	8. 5	15. 5	26. 4	10. 5	—	16. 5
31. 7	Cypselus apus	Wegz.	17. 8	13. 9	12. 8	12. 8	5. 9	13. 8	—	24. 8
—	Ciconia alba	Wegz.	20. 8	—	3. 8	—	7. 9	21. 8	—	—
bl. hier	Sturnus vulg.	Wegz.	2. 9	15. 12	—	26. 10	15. 11	21. 10	—	—
26. 9	Hirundo rust.	Wegz.	—	1. 10	14. 9	27. 9	—	27. 9	—	14. 8
—	Milvus reg.	Wegz.	—	—	—	—	—	18. 5	—	—

Insekten.

Mittlerer Eintritt der Beobachtung für Giessen.	Namen.	Zu beob-achten.	Rothenfier P.	Rudingshain H.	Rüthnick P.	Saalburg Th.	Sadlowo P.	Saupark bei Springe P.	Scharfoldendorf Br.	Schiesshaus Br.
August	Gastr. pini	Auskr. d. R.	—	—	—	12. 8	Aug.	—	—	—
Ende Juni	„	Verp.	—	—	—	14. 6	Juni	—	—	—
Juli	„	Flugz.	—	—	18. 7	28. 6- 20. 7	Juli	—	—	—
April	Liparis mon.	Auskr. d. R.	—	—	—	—	April	—	—	—
Juni	„	Verp.	—	—	—	—	—	—	—	—
Juli-Aug.	„	Flugz.	—	—	2. 8	—	—	—	—	—
Juli	Dasychira pud.	Auskr. d. R.	—	—	—	4. 7	Juli	—	—	12. 6
Oktober	„	Verp.	—	—	—	10. 9	Okt.	—	—	Oktober
Mai-Juni	„	Flugz.	—	—	—	10. 5- 25. 6	Juli	—	—	11. 5 bis Juni
Mai	Cnethocampa pr.	Auskr. d. R.	—	—	—	2. 5	—	—	—	—
Juni	„	Verp.	—	—	—	8. 6	—	—	—	—
August	„	Flugz.	—	—	—	5.-26. 8	—	—	—	—
Mai-Juni	Pissodes not.	Flugz.	14. 5	—	—	2.5-18.6	Apr-Aug	—	—	—
April-Mai	Melolontha vulg.	Flugz.	20. 5	—	—	2.5 - 5.6	Ende April bis Juni	25.4-5.6	24. 4	9.5-Juni
April-Juni	Hylobius abietis	Flugz.	10. 4	—	2. 5	15. 4- 28. 6	Apr-Juni	—	—	20. 4 bis Juni
April-Juni	Bostrychus typ.	Flugz.	—	—	—	12. 4- 11. 6	Apr-Juni	—	—	Apr-Juni
März-Mai	Hylesinus pinip.	Flugz.	6. 4	—	—	2.8-18.5	Apr-Mai	—	—	—

Vögel.

Datum der Beobachtung im Jahre 1894 an den Stationen:

Mittlerer Eintritt der Beobachtung für Giessen.	Namen.	Zu beobachten.	Schirpitz P.	Schmiedefeld P.	Schönau i. W. B.	Schönwalde P.	Schoo P.	Schwarza P.	Seega Th.	Sierck E.
—	Fringilla coel.	E. G.	20.2	10.3	4.3	20.2	9.2	10.3	18.2	16.2
18.2	Turdus mer.	E. G.	7.4	11.3	2.3	1.4	8.4	6.4	26.2	6.2
21.2	Alauda arv.	E. G.	24.2	28.2	4.3	20.2	5.3	11.3	20.2	4.2
bl. hier	Sturnus vulg.	Ank.	5.3	16.2	6.3	20.2	12.2	25.2	8.3	—
—	Milvus reg.	Ank.	—	—	26.4	5.3	—	—	1.3	10.3
1.3	Motacilla alba	Ank.	13.3	9.3	13.3	10.3	5.3	10.3	6.3	5.3
7.3	Ciconia alba	Ank.	23.3	—	—	22.3	10.4	—	14.3	14.3
15.3	Scolopax rust.	Ank.	27.3	—	—	9.3	26.3	—	14.3	3.3
24.3	Ruticilla tith.	Ank.	2.4	28.3	14.3	22.3	6.4	12.3	8.4	1.4
17.4	Hirundo rust.	Ank.	28.4	5.5	12.4	20.4	12.4	9.4	15.4	7.4
21.4	Cuculus can.	E. R.	26.4	24.4	16.4	23.4	15.4	16.4	14.4	29.3
27.4	Sylvia lusc.	E. G.	5.5	—	—	—	24.4	—	14.4	4.5
27.4	Cypselus apus	Ank.	5.5	—	14.4	—	29.4	30.4	1.5	19.4
13.5	Oriolus galb.	E. R.	11.5	—	—	4.5	18.5	—	3.5	4.5
—	Columba turt.	E. R.	27.5	—	—	—	29.4	—	3.5	4.5
31.7	Cypselus apus	Wegz.	4.8	—	15.8	—	27.7	5.8	4.8	6.8
—	Ciconia alba	Wegz.	19.8	—	—	25.8	10.8	—	18.8	—
bl. hier	Sturnus vulg.	Wegz.	—	2.11	6.10	—	19.9	—	2.10	—
26.9	Hirundo rust.	Wegz.	24.9	3.9	20.9	20.9	3.10	15.9	21.9	19.9
—	Milvus reg.	Wegz.	—	—	—	—	—	25.9	3.10	10.9

Insekten.

Mittlerer Eintritt der Beobachtung für Giessen.	Namen.	Zu beobachten.	Schirpitz P.	Schmiedefeld P.	Schönau i. W. B.	Schönwalde P.	Schoo P.	Schwarza P.	Seega Th.	Sierck E.
August	Gastr. pini	Auskr. d. R.	—	—	—	—	—	—	—	—
Ende Juni	„	Verp.	—	—	—	—	—	—	—	—
Juli	„	Flugz.	—	—	—	—	—	—	—	—
April	Liparis mon.	Auskr. d. R.	—	—	—	—	—	—	—	—
Juni	„	Verp.	—	—	—	—	—	—	—	—
Juli-Aug.	„	Flugz.	10.8	—	—	—	—	August, Sept.	—	—
Juli	Dasychira pud.	Auskr. d. R.	—	—	—	—	—	—	—	—
Oktober	„	Verp.	—	—	—	—	—	—	—	—
Mai-Juni	„	Flugz.	—	—	—	—	—	—	—	—
Mai	Cnethocampa pr.	Auskr. d. R.	—	—	—	—	—	—	—	—
Juni	„	Verp.	—	—	—	—	—	—	—	—
August	„	Flugz.	—	—	—	—	—	—	—	—
Mai-Juni	Pissodes not.	Flugz.	—	—	—	—	28.5	—	—	—
April-Mai	Melolontha vulg.	Flugz.	—	—	—	—	18.5	Juni	Mai	—
April-Juni	Hylobius abietis	Flugz.	5.4	—	—	20.4	—	Mai-Juli	—	—
April-Juni	Bostrychus typ.	Flugz.	—	6.5	—	—	7.6	Mai	—	—
März-Mai	Hylesinus pinip.	Flugz.	10.4	—	—	—	—	Mai	—	—

Vögel.

Mittlerer Eintritt der Beobachtung für Giessen.	Namen.	Zu beobachten.	Sonnenberg P.	Staufen B.	Stöckerhof P.	Stockhausen H.	Tautenburg Th.	Thiengen B.	Thierenbach E.
			Datum der Beobachtung im Jahre 1894 an den Stationen:						
—	Fringilla coel.	E. G.	3. 3	12. 2	—	1. 3	26. 2	28. 2	28. 2
18. 2	Turdus mer.	E. G.	20. 3	24. 3	20. 2	—	9. 4	1. 3	5. 3
21. 2	Alauda arv.	E. G.	4. 3	16. 2	—	1. 2	9. 3	18. 2	2. 3
bl. hier	Sturnus vulg.	Ank.	4. 3	20. 2	—	5. 3	2. 3	20. 2	8. 3
—	Milvus reg.	Ank.	10. 3	15. 3	—	6. 3	7. 4	2. 3	10. 3
1. 3	Motacilla alba	Ank.	3. 3	—	10. 3	—	22. 3	3. 3	15. 3
7. 3	Ciconia alba	Ank.	—	18. 3	—	—	—	9. 4	13. 3
15. 3	Scolopax rust.	Ank.	—	16. 3	22. 3	15. 3	14. 3	—	15. 3
24. 3	Ruticilla tith.	Ank.	1. 4	24. 3	24. 3	30. 3	6. 4	27. 3	15. 3
17. 4	Hirundo rust.	Ank.	24. 3	9. 4	20. 4	6. 4	11. 4	12. 4	10. 4
21. 4	Cuculus can.	E. R.	28. 4	13. 4	8. 4	5. 4	11. 4	2. 4	3. 4
27. 4	Sylvia lusc.	E. G.	—	8. 4	16. 4	—	—	—	12. 4
27. 4	Cypselus apus	Ank.	28. 4	20. 4	28. 4	—	11. 4	7. 4	13. 4
13. 5	Oriolus galb.	E. R.	—	—	4. 5	—	12. 4	—	28. 4
—	Columba turt.	E. R.	—	20. 4	10. 5	10. 5	18. 5	22. 3	6. 5
31. 7	Cypselus apus	Wegz.	12. 8	3. 8	15. 8	—	11. 8	25. 9	3. 8
—	Ciconia alba	Wegz.	—	3. 8	—	—	—	—	8. 8
bl. hier	Sturnus vulg.	Wegz.	27. 10	20. 10	—	—	20. 9	16. 10	18. 8
26. 9	Hirundo rust.	Wegz.	22. 9	20. 9	29. 9	—	20. 9	7. 10	24. 9
—	Milvus reg.	Wegz.	—	20. 10	—	—	—	2. 10	28. 9

Insekten.

Mittlerer Eintritt der Beobachtung für Giessen.	Namen.	Zu beobachten.	Sonnenberg P.	Staufen B.	Stöckerhof P.	Stockhausen H.	Tautenburg Th.	Thiengen B.	Thierenbach E.
August	Gastr. pini	Auskr. d. R.	—	—	—	—	—	—	—
Ende Juni	„	Verp.	—	—	—	—	—	—	—
Juli	„	Flugz.	—	—	—	—	—	—	—
April	Liparis mon.	Auskr. d. R.	—	—	—	—	—	—	—
Juni	„	Verp.	—	—	—	—	—	—	—
Juli-Aug.	„	Flugz.	—	—	—	—	—	—	—
Juli	Dasychira pud.	Auskr. d. R.	—	—	—	—	—	—	—
Oktober	„	Verp.	—	—	—	—	—	—	—
Mai-Juni	„	Flugz.	—	—	—	—	—	—	—
Mai	Cnethocampa pr.	Auskr. d. R.	—	—	—	—	—	—	—
Juni	„	Verp.	—	—	—	—	—	—	—
August	„	Flugz.	—	—	—	—	—	—	—
Mai-Juni	Pissodes not.	Flugz.	—	—	—	—	—	—	—
April-Mai	Melolontha vulg.	Flugz.	—	—	1. 5	—	—	23.-25. 4	—
April-Juni	Hylobius abietis	Flugz.	6. 5	—	25. 4	—	Apr.-Juni	—	—
April-Juni	Bostrychus typ.	Flugz.	10. 5	—	—	—	—	—	—
März-Mai	Hylesinus pinip.	Flugz.	—	—	25. 4	—	—	—	—

Vögel.

Mittlerer Eintritt der Beobachtung für Giessen.	Namen.	Zu beobachten.	Datum der Beobachtung im Jahre 1894 an den Stationen:						
			Todtenrode Br.	Todtnau B.	Torgelow P.	Tornau P.	Ufshuus P.	Ullersdorf P.	Urbeis E.
—	Fringilla coel.	E. G.	—	10. 3	12. 3	9. 3	6. 2	7. 3	23. 2
18. 2	Turdus mer.	E. G.	2. 3	1. 3	30. 3	9. 2	25. 3	25. 3	—
21. 2	Alauda arv.	E. G.	—	10. 3	10. 3	23. 2	16. 2	3. 3	13. 3
bl. hier	Sturnus vulg.	Ank.	—	10. 3	1. 3	21. 2	6. 2	8. 3	8. 3
—	Milvus reg.	Ank.	—	30. 4	11. 3	1. 3	—	—	—
1. 3	Motacilla alba	Ank.	9. 3	15. 3	12. 3	2. 3	—	27. 3	10. 3
7. 3	Ciconia alba	Ank.	—	—	6. 4	22. 3	26. 3	—	—
15. 3	Scolopax rust.	Ank.	—	—	12. 3	2. 3	4. 3	10. 4	—
24. 3	Ruticilla tith.	Ank.	30. 3	19. 3	2. 4	13. 3	25. 3	20. 4	19. 3
17. 4	Hirundo rust.	Ank.	—	15. 4	14. 4	16. 4	6. 5	15. 4	—
21. 4	Cuculus can.	E. R.	18. 4	19. 4	2. 5	20. 4	16. 4	26. 4	9. 4
27. 4	Sylvia lusc.	E. G.	—	—	—	15. 4	—	—	—
27. 4	Cypselus apus	Ank.	—	—	17. 5	6. 4	6. 5	23. 4	—
13. 5	Oriolus galb.	E. R.	—	—	8. 5	5. 5	14. 5	—	—
—	Columba turt.	E. R.	26. 4	—	—	13. 5	—	—	—
31. 7	Cypselus apus	Wegz.	—	—	12. 8	28. 8	10. 8	—	—
—	Ciconia alba	Wegz.	—	—	15. 8	15. 8	10. 8	—	—
bl. hier	Sturnus vulg.	Wegz.	—	1. 10	1. 9	20. 8	8. 10	—	4. 9
26. 9	Hirundo rust.	Wegz.	—	15. 9	4. 10	23. 9	26. 9	15. 9	—
—	Milvus reg.	Wegz.	—	—	—	4. 9	—	—	—

Insekten.

			Todtenrode Br.	Todtnau B.	Torgelow P.	Tornau P.	Ufshuus P.	Ullersdorf P.	Urbeis E.
August	Gastr. pini	Auskr. d. R.	—	—	—	28. 8	—	—	—
Ende Juni	„	Verp.	—	—	—	18. 6	—	—	—
Juli	„	Flugz.	—	—	—	Juli	—	—	—
April	Liparis mon.	Auskr. d. R.	—	—	—	8. 4	—	—	—
Juni	„	Verp.	—	—	—	14. 6	—	—	—
Juli-Aug.	„	Flugz.	—	—	—	22.7-20.8	—	20.-31.8	—
Juli	Dasychira pud.	Auskr. d. R.	—	—	—	—	—	—	—
Oktober	„	Verp.	—	—	—	—	—	—	—
Mai-Juni	„	Flugz.	—	—	—	—	—	—	—
Mai	Cnethocampa pr.	Auskr. d. R.	—	—	—	—	—	—	—
Juni	„	Verp.	—	—	—	—	—	—	—
August	„	Flugz.	—	—	—	—	—	—	—
Mai-Juni	Pissodes not.	Flugz.	—	—	—	2. 5	—	—	Mai-Juni
April-Mai	Melolontha vulg.	Flugz.	11. 5	—	—	26. 5	—	—	—
April-Juni	Hylobius abietis	Flugz.	—	—	15. 4	22. 4	—	Mai und August	Mai-Juni
April-Juni	Bostrychus typ.	Flugz.	—	—	—	—	—	25. 6 u. 15. 8	—
März-Mai	Hylesinus pinip.	Flugz.	—	—	19. 3	22. 3	—	—	—

Vögel.

Mittlerer Eintritt der Beobachtung für Giessen.	Namen.	Zu beobachten.	Datum der Beobachtung im Jahre 1894 an den Stationen:						
			Viernheim H.	Villingen B.	Vinnenberg P.	Wahlen i. Ob. H.	Wahlen i. Od. H.	Waldkirch B.	Wald-Michelbach H.
—	Fringilla coel.	E. G.	11. 2	5. 3	15. 2	28. 2	28. 2	20. 1	—
18. 2	Turdus mer.	E. G.	11. 3	6. 3	8. 3	28. 2	13. 3	—	—
21. 2	Alauda arv.	E. G.	5. 2	2. 3	20. 2	2. 3	28. 2	—	—
bl. hier	Sturnus vulg.	Ank.	19. 2	26. 2	26. 2	3. 2	25. 2	2. 3	—
—	Milvus reg.	Ank.	12. 3	10. 3	—	—	12. 3	—	—
1. 3	Motacilla alba	Ank.	26. 2	1. 3	8. 3	6. 3	14. 3	—	—
7. 3	Ciconia alba	Ank.	25. 2	6. 3	—	—	—	—	—
15. 3	Scolopax rust.	Ank.	5. 3	—	10. 3	19. 3	12. 3	—	—
24. 3	Ruticilla tith.	Ank.	17. 3	14. 4	15. 3	18. 3	18. 3	—	—
17. 4	Hirundo rust.	Ank.	3. 4	14. 4	8. 4	22. 4	21. 3	—	—
21. 4	Cuculus can.	E. R.	5. 4	10. 4	15. 4	19. 4	13. 4	—	13. 4
27. 4	Sylvia lusc.	E. G.	—	—	22. 4	—	—	—	—
27. 4	Cypselus apus	Ank.	16. 4	—	25. 4	29. 4	—	—	—
13. 5	Oriolus galb.	E. R.	3. 4	—	6. 5	—	—	—	—
—	Columba turt.	E. R.	5. 4	—	4. 5	30. 4	7. 5	—	—
31. 7	Cypselus apus	Wegz.	5. 8	—	1. 9	12. 8	—	—	—
—	Ciconia alba	Wegz.	28. 8	—	—	—	—	—	—
bl. hier	Sturnus vulg.	Wegz.	12. 9	25. 10	5. 9	17. 12	7. 8	—	—
26. 9	Hirundo rust.	Wegz.	30. 9	—	15. 9	16. 9	19. 8	—	—
—	Milvus reg.	Wegz.	24. 9	29. 10	—	—	—	—	—

Insekten.

August	Gastr. pini	Auskr. d. R.	—	—	—	—	—	—	—
Ende Juni	„	Verp.	—	—	—	—	—	—	—
Juli	„	Flugz.	—	—	—	—	—	—	—
April	Liparis mon.	Auskr. d. R.	—	—	—	—	—	—	—
Juni	„	Verp.	—	—	—	—	—	—	—
Juli-Aug.	„	Flugz.	—	—	—	—	—	—	—
Juli	Dasychira pud.	Auskr. d. R.	—	—	—	—	—	—	—
Oktober	„	Verp.	—	—	—	—	—	—	—
Mai-Juni	„	Flugz.	—	—	—	—	—	—	—
Mai	Cnethocampa pr.	Auskr. d. R.	—	—	—	—	—	—	—
Juni	„	Verp.	—	—	—	—	—	—	—
August	„	Flugz.	—	—	—	—	—	—	—
Mai-Juni	Pissodes not.	Flugz.	—	—	—	14. 5	—	—	Mai-Juni
April-Mai	Melolontha vulg.	Flugz.	22.4-15.5	—	—	—	—	—	—
April-Juni	Hylobius abietis	Flugz.	—	—	—	—	—	—	Mai-Juni
April-Juni	Bostrychus typ.	Flugz.	—	—	—	—	—	—	—
März-Mai	Hylesinus pinip.	Flugz.	—	—	—	—	—	—	—

Vögel.

Mittlerer Eintritt der Beobachtung für Giessen.	Namen.	Zu beob-achten.	Walscheid E.	Wardböhmen P.	Weimar Th.	Weinheim B.	Weissenburg Th.	Wembach H.	Wenings H.
—	Fringilla coel.	E. G.	23. 2	14. 3	26. 2	28. 2	19. 2	28. 2	—
18. 2	Turdus mer.	E. G.	1. 2	—	—	5. 3	—	5. 4	20. 3
21. 2	Alauda arv.	E. G.	13. 3	10. 3	20. 2	—	22. 2	27. 2	—
bl. hier	Sturnus vulg.	Ank.	14. 3	20. 2	10. 2	20. 2	14. 2	14. 2	—
—	Milvus reg.	Ank.	8. 3	15. 3	16. 3	26. 2	—	18. 4	—
1. 3	Motacilla alba	Ank.	23. 2	8. 3	10. 3	14. 3	16. 3	8. 3	—
7. 3	Ciconia alba	Ank.	—	—	—	4. 3	21. 3	—	—
15. 3	Scolopax rust.	Ank.	5. 3	10. 3	13. 3	28. 4	—	9. 3	—
24. 3	Ruticilla tith.	Ank.	13. 3	15. 4	16. 3	30. 3	18. 2	8. 3	—
17. 4	Hirundo rust.	Ank.	11. 4	20. 4	6. 4	20. 4	20. 4	6. 4	8. 4
21. 4	Cuculus can.	E. R.	4. 3	10. 4	17. 4	4. 4	20. 4	12. 4	12. 4
27. 4	Sylvia lusc.	E. G.	20. 4	—	25. 4	15. 4	—	—	—
27. 4	Cypselus apus	Ank.	23. 4	—	25. 4	25. 4	24. 4	6. 5	—
13. 5	Oriolus galb.	E. R.	11. 5	—	1. 5	27. 4	16. 5	9. 5	—
—	Columba turt.	E. R.	5. 3	5. 5	23. 5	4. 5	4. 5	7. 5	—
31. 7	Cypselus apus	Wegz.	10. 9	—	10. 8	10. 9	8. 8	10. 7	—
—	Ciconia alba	Wegz.	—	—	16. 8	16. 8	—	—	—
bl. hier	Sturnus vulg.	Wegz.	—	—	20. 9	20. 10	17. 10	30. 11	—
26. 9	Hirundo rust.	Wegz.	10. 9	—	1. 10	7. 10	2. 10	4. 10	—
—	Milvus reg.	Wegz.	—	—	7. 9	2. 10	—	EndeOkt.	—

Insekten.

August	Gastr. pini	Auskr. d. R.	—	—	—	—	—	—	—
Ende Juni	„	Verp.	—	—	—	—	—	—	—
Juli	„	Flugz.	—	—	—	—	—	—	—
April	Liparis mon.	Auskr. d. R.	—	25. 4	—	—	—	—	—
Juni	„	Verp.	—	15.6-30.6	—	—	—	—	—
Juli-Aug.	„	Flugz.	—	10.7-25.7	—	—	—	—	—
Juli	Dasychira pud.	Auskr. d. R.	—	—	—	—	—	—	—
Oktober	„	Verp.	—	—	—	—	—	—	—
Mai-Juni	„	Flugz.	—	—	—	—	—	—	—
Mai	Cnethocampa pr.	Auskr. d. R.	—	—	—	—	—	—	—
Juni	„	Verp.	—	—	—	—	—	—	—
August	„	Flugz.	—	—	—	—	—	—	—
Mai-Juni	Pissodes not.	Flugz.	23. 4	—	—	—	—	—	—
April-Mai	Melolontha vulg.	Flugz.	20. 4	1. 5	—	—	—	—	—
April-Juni	Hylobius abietis	Flugz.	16. 4	—	—	—	—	—	—
April-Juni	Bostrychus typ.	Flugz.	—	—	—	—	—	—	—
März-Mai	Hylesinus pinip.	Flugz.	—	—	—	—	—	—	—

Vögel.

Mittlerer Eintritt der Beobachtung für Giessen.	Namen.	Zu beobachten.	Wilhelmsthal Th.	Winnenden W.	Wolfgang P.	Woltersdorf P.	Wünnenberg P.	Wurzbach Th.	Zerrin P.
			Datum der Beobachtung im Jahre 1894 an den Stationen:						
—	Fringilla coel.	E. G.	28.2	22.2	24.2	5.2	2.3	9.3	6.3
18.2	Turdus mer.	E. G.	—	27.2	28.2	11.3	8.3	13.3	26.4
21.2	Alauda arv.	E. G	27.2	27.2	18.2	10.2	6.2	9.2	9.3
bl. hier	Sturnus vulg.	Ank.	16.2	24.2	25.1	15.2	22.2	13.2	24.3
—	Milvus reg.	Ank.	—	—	—	10.3	5.3	—	8.4
1.3	Motacilla alba	Ank.	10.3	9.3	2.3	10.3	3.3	27.2	3.4
7.3	Ciconia alba	Ank.	—	5.3	24.2	1.4	—	—	10.4
15.3	Scolopax rust.	Ank.	16.3	10.3	1.3	2.3	23.3	—	8.4
24.3	Ruticilla tith.	Ank.	24.3	19.3	11.3	2.4	1.4	26.3	—
17.4	Hirundo rust.	Ank.	11.4	—	10.4	5.4	—	10.4	17.5
21.4	Cuculus can.	E. R.	28.4	4.4	9.4	19.4	16.4	14.4	8.5
27.4	Sylvia lusc.	E. G.	—	—	—	21.4	—	—	—
27.4	Cypselus apus	Ank.	30.4	26.4	2.5	28.4	13.4	23.3	—
13.5	Oriolus galb.	E. E.	14.5	29.4	7.5	2.5	—	—	24.5
—	Columba turt.	E. E.	—	1.5	8.5	4.5	10.5	8.5	25.5
31.7	Cypselus apus	Wegz.	—	18.8	5.8	25.8	4.10	8.8	26.7
—	Ciconia alba	Wegz.	—	9.8	20.8	2.9	—	—	8.8
bl. hier	Sturnus vulg.	Wegz.	20.10	20.10	—	19.10	—	—	28.10
26.9	Hirundo rust.	Wegz.	24.9	20.9	4.10	23.9	—	21.9	18.9
—	Milvus reg.	Wegz.	—	—	—	—	23.10	—	—

Insekten.

Mittlerer Eintritt für Giessen.	Namen.	Zu beobachten.	Wilhelmsthal Th.	Winnenden W.	Wolfgang P.	Woltersdorf P.	Wünnenberg P.	Wurzbach Th.	Zerrin P.
August	Gastr. pini	Auskr. d. R.	—	—	—	—	—	—	—
Ende Juni	„	Verp.	—	—	—	Juni	—	—	—
Juli	„	Flugz.	—	—	—	Juli-Aug.	—	—	—
April	Liparis mon.	Auskr. d. R.	—	—	—	—	—	—	—
Juni	„	Verp.	—	—	—	—	—	—	—
Juli-Aug.	„	Flugz.	—	—	—	Juli-Aug.	—	—	—
Juli	Dasychira pud.	Auskr. d. R.	—	—	—	—	—	—	—
Oktober	„	Verp.	—	—	—	—	—	—	—
Mai-Juni	„	Flugz.	—	—	—	—	—	—	—
Mai	Cnethocampa pr.	Auskr. d. R.	—	—	—	—	—	—	—
Juni	„	Verp.	—	—	—	—	—	—	—
August	„	Flugz.	—	—	—	—	—	—	—
Mai-Juni	Pissodes not.	Flugz.	—	—	—	Ende April	—	—	—
April-Mai	Melolontha vulg.	Flugz.	Mai	—	—	Ende April	—	—	5.5
April-Juni	Hylobius abietis	Flugz.	Mai-Juni	—	—	April-Juni	—	—	10.4
April-Juni	Bostrychus typ.	Flugz.	—	—	—	—	—	—	—
März-Mai	Hylesinus pinip.	Flugz.	—	—	—	März	—	—	4.4

IV. Bericht über den Ausfall der Holzsamenernte.

Zur Beurtheilung der 1894er Holzsamen-Ergebnisse ist die Vergegenwärtigung der die Blüte und Reife bedingenden Witterung nicht ohne Interesse; es möge daher der nachstehend folgenden Zusammenstellung des Samen-Ergebnisses eine kurze Beschreibung der Witterung und ihres Einflusses auf die Vegetation vorangehen:

Der Herbst des Jahres 1893 war im grossen Ganzen normal, d. h. seine Witterung entsprach dem Durchschnitt, den dieselbe sonst in dieser Periode zu haben pflegt. Namentlich September und Oktober brachten zahlreiche und erhebliche Niederschläge. Dem milden und regnerischen Herbst folgte ein gelinder Winter, der durch geringe Kälte und wenig Schnee ausgezeichnet war. Soweit wäre also der Samenertrag des kommenden Erntejahres gesichert gewesen, aber die nun folgenden Monate haben auf die Entwickelung der Waldsämereien einen umso ungünstigeren Einfluss ausgeübt. Dem gelinden Winter folgte ein verhältnissmässig warmer März und April. Auch während der Sommermonate stieg die Mitteltemperatur über die normale. Während dieser Jahreszeit war die Niederschlagsmenge dagegen immer eine viel zu geringe; der Sommer zeichnete sich also durch ausserordentliche Torckenheit aus, die bis zum August anhielt. Im September gab es endlich einen Umschlag, jedoch von einem Extrem ins andere, indem nämlich in diesem Monat bereits fast jede Nacht Fröste eintraten und dadurch natürlicherweise das Ernte - Ergebniss der Waldsamen sehr beeinträchtigten.

Die Witterung des Jahres war also nicht dazu angethan gute und verhältnissmässig reichliche Früchte zu erzeugen, denn die lang anhaltende, ungewöhnliche Hitze influirte höchst ungünstig auf die Reife des Samens, indem diese viele der gebildeten Fruchtansätze zum Vertrockenen brachte und bei einem grossen Theil der sich weiter entwickelnden eine so sehr beschleunigte Reife herbeiführte, dass eine vollständige Ausreife der Samen selten möglich war. Schliesslich litten die noch nicht ausgereiften Früchte durch kalte Witterung, verbunden mit Frühfrösten.

Dass unter diesen Umständen das Ergebniss der Waldsamen-Ernte in 1894 kein günstiges sein würde, war wohl vorauszusehen, und in der That bestätigen die Beobachtungs - Berichte, wie aus den folgenden Tabellen im Einzelnen zu ersehen ist, diese Erwartung nur zu sehr.

Vornehmlich hatten von der Ungunst der Witterung die Laubhölzer zu leiden — wie nachfolgende Tabelle zeigt —, insbesondere brachte die Buche vielfach tauben Samen, während sich bei den Nadelhölzern das Samen-Ergebniss etwas günstiger gestaltet.

Bei Stiel und Traubeneiche und Buche kann das Durchschnittsergebniss der Samenernte mit „gering bis null“, bei Bergrüster, Flatterrüster, Tanne und Lärche mit „gering“, bei Spitzahorn, Esche, Hainbuche, Schwarzerle und Kiefer mit „mittel bis gering“ und bei Bergahorn, Birke und Fichte als „mittelmässig“ bezeichnet werden.

Beobachtungsgebiet	Gut		Mittel		Gering		Null		Summa pro Gebiet	
	Zahl der Beobachtungen									
	ab-solut	in %, d. Sa.	ab-solut	in % d. Sa.	ab-solut	in % d. Sa.	ab-solut	in % d. Sa.	ab-solut	in % d. Sa.

1. Stieleiche.

Beobachtungsgebiet	ab-solut	in %, d. Sa.	ab-solut	in % d. Sa.	ab-solut	in % d. Sa.	ab-solut	in % d. Sa.	ab-solut	in % d. Sa.
Baden	—	—	—	—	11	58	8	42	19	100
Braunschweig	—	—	—	—	2	40	3	60	5	100
Elsass-Lothringen	—	—	—	—	2	12	14	88	16	100
Hessen	—	—	1	5	15	68	6	27	22	100
Preussen	—	—	2	3	43	60	27	37	72	100
Thüringen	—	—	2	12	10	59	5	29	17	100
Württemberg	—	—	—	—	—	—	3	100	3	100
Summe	—	—	5	3	83	54	66	43	154	100

2. Traubeneiche.

Beobachtungsgebiet	ab-solut	in %, d. Sa.	ab-solut	in % d. Sa.	ab-solut	in % d. Sa.	ab-solut	in % d. Sa.	ab-solut	in % d. Sa.
Baden	—	—	—	—	9	53	8	47	17	100
Braunschweig	—	—	—	—	2	40	3	60	5	100
Elsass-Lothringen	—	—	—	—	2	12	14	88	16	100
Hessen	—	—	1	5	13	59	8	36	22	100
Preussen	—	—	3	5	33	54	25	41	61	100
Thüringen	—	—	1	7	9	65	4	28	14	100
Württemberg	—	—	—	—	—	—	3	100	3	100
Summe	—	—	5	4	68	49	65	47	138	100

3. Buche.

Beobachtungsgebiet	ab-solut	in %, d. Sa.	ab-solut	in % d. Sa.	ab-solut	in % d. Sa.	ab-solut	in % d. Sa.	ab-solut	in % d. Sa.
Baden	—	—	—	—	10	56	8	44	18	100
Braunschweig	1	20	1	20	2	40	1	20	5	100
Elsass-Lothringen	—	—	—	—	6	35	11	65	17	100
Hessen	1	5	—	—	6	30	13	65	20	100
Preussen	3	4	10	15	31	46	24	35	68	100
Thüringen	—	—	1	6	11	61	6	33	18	100
Württemberg	—	—	—	—	—	—	3	100	3	100
Summe	5	4	12	8	66	44	66	44	149	100

4. Bergahorn.

Beobachtungsgebiet	ab-solut	in %, d. Sa.	ab-solut	in % d. Sa.	ab-solut	in % d. Sa.	ab-solut	in % d. Sa.	ab-solut	in % d. Sa.
Baden	3	20	9	60	3	20	—	—	15	100
Braunschweig	1	20	2	40	2	40	—	—	5	100
Elsass-Lothringen	3	33	4	45	1	11	1	11	9	100
Hessen	2	15	5	39	2	15	4	31	13	100
Preussen	5	12	16	37	15	35	7	16	43	100
Thüringen	2	12	10	59	3	17	2	12	17	100
Württemberg	1	33	1	34	—	—	1	33	3	100
Summe	17	16	47	45	26	25	15	14	105	100

Beobachtungsgebiet	Gut		Mittel		Gering		Null		Summa pro Gebiet	
	ab-solut	in %/d. Sa.	ab-solut	in %/d. Sa.	ab-solut	in %/d. Sa.	ab-solut	in %/d. Sa.	ab-solut	in %/d. Sa.

5. Spitzahorn.

Beobachtungsgebiet	Gut		Mittel		Gering		Null		Summa	
Baden	—	—	5	62	—	—	3	38	8	100
Braunschweig	1	25	2	50	1	25	—	—	4	100
Elsass-Lothringen	—	—	2	33	3	50	1	17	6	100
Hessen	2	18	3	27	—	—	6	55	11	100
Preussen	4	9	17	38	19	42	5	11	45	100
Thüringen	3	18	9	53	3	18	2	11	17	100
Württemberg	1	33	1	34	1	33	—	—	3	100
Summe	11	12	39	41	27	29	17	18	94	100

6. Esche.

Beobachtungsgebiet	Gut		Mittel		Gering		Null		Summa	
Baden	3	18	4	23	9	53	1	6	17	100
Braunschweig	2	40	3	60	—	—	—	—	5	100
Elsass-Lothringen	3	30	—	—	5	50	2	20	10	100
Hessen	3	20	4	27	2	13	6	40	15	100
Preussen	10	18	16	28	22	38	9	16	57	100
Thüringen	2	13	7	44	5	31	2	12	16	100
Württemberg	1	50	—	—	1	50	—	—	2	100
Summe	24	20	34	28	44	36	20	16	122	100

7. Bergrüster.

Beobachtungsgebiet	Gut		Mittel		Gering		Null		Summa	
Baden	1	17	2	33	—	—	3	50	6	100
Braunschweig	—	—	—	—	—	—	—	—	—	—
Elsass-Lothringen	1	12	1	13.	4	50	2	25	8	100
Hessen	1	17	—	—	—	—	5	83	6	100
Preussen	2	9	5	24	10	48	4	19	21	100
Thüringen	—	—	7	64	1	9	3	27	11	100
Württemberg	—	—	1	100	—	—	—	—	1	100
Summe	5	9	16	30	15	28	17	33	53	100

8. Flatterrüster.

Beobachtungsgebiet	Gut		Mittel		Gering		Null		Summa	
Baden	—	—	2	40	—	—	3	60	5	100
Braunschweig	—	—	—	—	—	—	—	—	—	—
Elsass-Lothringen	1	17	—	—	3	50	2	33	6	100
Hessen	1	17	—	—	—	—	5	83	6	100
Preussen	2	11	3	16	9	47	5	26	19	100
Thüringen	—	—	4	57	—	—	3	43	7	100
Württemberg	—	—	—	—	—	—	—	—	—	—
Summe	4	9	9	21	12	28	18	42	43	100

Beobachtungsgebiet	Gut		Mittel		Gering		Null		Summa pro Gebiet	
	absolut	in % d. Sa.	absolut	in % d. Sa.	absolut	in % d. Sa.	absolut	in % d. Sa.	absolut	in % d. Sa.
9. Hainbuche.										
Baden	2	11	10	55	3	17	3	17	18	100
Braunschweig	—	—	2	100	—	—	—	—	2	100
Elsass-Lothringen	2	15	2	15	5	39	4	31	13	100
Hessen	4	21	4	21	4	21	7	37	19	100
Preussen	7	11	29	46	14	22	13	21	63	100
Thüringen	3	20	7	47	4	27	1	6	15	100
Württemberg	1	33	1	34	1	33	—	—	3	100
Summe	19	15	55	41	31	23	28	21	133	100
10. Birke.										
Baden	3	21	7	50	3	22	1	7	14	100
Braunschweig	1	50	1	50	—	—	—	—	2	100
Elsass-Lothringen	4	25	4	25	6	37	2	13	16	100
Hessen	6	32	5	26	4	21	4	21	19	100
Preussen	17	22	41	53	18	23	2	2	78	100
Thüringen	4	25	6	38	6	37	—	—	16	100
Württemberg	1	33	1	34	1	33	—	—	3	100
Summe	36	24	65	44	38	26	9	6	148	100
11. Schwarzerle.										
Baden	2	17	5	42	3	25	2	16	12	100
Braunschweig	—	—	2	100	—	—	—	—	2	100
Elsass-Lothringen	2	14	5	36	6	43	1	7	14	100
Hessen	6	33	4	22	4	23	4	22	18	100
Preussen	7	10	28	42	26	39	6	9	67	100
Thüringen	2	15	6	46	5	39	—	—	13	100
Württemberg	1	50	1	50	—	—	—	—	2	100
Summe	20	16	51	40	44	34	13	10	128	100
12. Kiefer.										
Baden	—	—	3	20	11	73	1	7	15	100
Braunschweig	—	—	—	—	—	—	—	—	—	—
Elsass-Lothringen	1	3	3	23	7	54	2	15	13	100
Hessen	1	4	5	21	16	67	2	8	24	100
Preussen	2	3	14	22	39	61	9	14	64	100
Thüringen	—	—	4	25	12	75	—	—	16	100
Württemberg	—	—	1	33	2	67	—	—	3	100
Summe	4	3	30	22	87	65	14	10	135	100

Beobachtungsgebiet	Gut		Mittel		Gering		Null		Summa pro Gebiet	
	ab-solut	in %d. Sa.	ab-solut	in %d. Sa.	ab-solut	in %d. Sa.	ab-solut	in %d. Sa.	ab-solut	in %d. Sa.

13. Fichte.

Beobachtungsgebiet	ab-solut	in % d. Sa.	ab-solut	in % d. Sa.	ab-solut	in % d. Sa.	ab-solut	in % d. Sa.	ab-solut	in % d. Sa.
Baden	—	—	5	28	13	72	—	—	18	100
Braunschweig	8	100	—	—	—	—	—	—	8	100
Elsass-Lothringen	1	7	2	14	7	50	4	29	14	100
Hessen	3	14	6	27	12	55	1	4	22	100
Preussen	22	32	16	24	23	34	7	10	68	100
Thüringen	11	58	8	42	—	—	—	—	19	100
Württemberg	—	—	2	67	1	33	—	—	3	100
Summe	45	30	39	26	56	37	12	7	152	100

14. Weisstanne.

Beobachtungsgebiet	ab-solut	in % d. Sa.	ab-solut	in % d. Sa.	ab-solut	in % d. Sa.	ab-solut	in % d. Sa.	ab-solut	in % d. Sa.
Baden	1	6	4	22	11	61	2	11	18	100
Braunschweig	—	—	—	—	—	—	—	—	—	—
Elsass-Lothringen	1	9	3	27	5	46	2	18	11	100
Hessen	—	—	3	23	5	39	5	38	13	100
Preussen	—	—	4	16	12	48	9	36	25	100
Thüringen	1	8	4	31	5	38	3	23	13	100
Württemberg	—	—	—	—	2	67	1	33	3	100
Summe	3	4	18	22	40	48	22	26	83	100

15. Lärche.

Beobachtungsgebiet	ab-solut	in % d. Sa.	ab-solut	in % d. Sa.	ab-solut	in % d. Sa.	ab-solut	in % d. Sa.	ab-solut	in % d. Sa.
Baden	—	—	2	20	6	60	2	20	10	100
Braunschweig	—	—	1	50	1	50	—	—	2	100
Elsass-Lothringen	1	9	2	18	4	37	4	36	11	100
Hessen	3	14	8	38	7	34	3	14	21	100
Preussen	2	5	8	19	23	55	9	21	42	100
Thüringen	2	12	5	31	6	38	3	19	16	100
Württemberg	1	50	—	—	1	50	—	—	2	100
Summe	9	9	26	25	48	46	21	20	104	100

16. Weymouthskiefer.

Beobachtungsgebiet	ab-solut	in % d. Sa.	ab-solut	in % d. Sa.	ab-solut	in % d. Sa.	ab-solut	in % d. Sa.	ab-solut	in % d. Sa.
Baden	2	25	—	—	4	50	2	25	8	100
Braunschweig	—	—	—	—	—	—	—	—	—	—
Elsass-Lothringen	1	25	1	25	—	—	2	50	4	100
Hessen	1	7	3	22	7	50	3	21	14	100
Preussen	—	—	1	6	9	50	8	44	18	100
Thüringen	1	12	3	38	1	13	3	37	8	100
Württemberg	—	—	—	—	1	100	—	—	1	100
Summe	5	9	8	15	22	42	18	34	53	100

V. Bemerkungen über das Vorkommen der wichtigsten forstschädlichen Insekten.

Ueber das Vorkommen der wichtigeren forstschädlichen Insekten giebt die nachstehende Uebersicht Auskunft, welche indessen nur diejenigen Beobachtungsorte anführt, an denen das betreffende Insekt „zahlreich" oder „mässig" aufgetreten war.

Ausser den in jener Uebersichts-Tabelle verzeichneten Insekten sind noch zu nennen: Bostrychus curvidens Germ., welcher in Elsass (Meierei und Urbeis) stark auftrat, Lophyrus pini L., der ebenfalls in Elsass (Walscheid) Schaden verursachte, Bostrychus stenographus Duft., dessen Vorkommen in grosser Menge aus Preussen (Dingken) gemeldet wurde, und Melolontha hippocastani Fabr., der bei Ulfshuus in Preussen massenhaft sich zeigte.

Beobachtungs-gebiet	Gastropacha pini		Liparis monacha		Dasychira pudibunda		Cnethocampa processionea		Pissodes notatus		Melolontha vulgaris		Hylobius abietis		Bostrychus typographus		Hylesinus piniperda	
	Zahlreich	Mässig	Zahlreich	Mässig	Zahlreich	Mässig	Zahlreich	Mässig	Zahlreich	Mässig	Zahlreich	Mässig	Zahlreich	Mässig	Zahlreich	Mässig	Zahlreich	Mässig
Baden	—	—	—	—	—	1	1	—	—	1	1	5	—	1	—	1	—	—
Braunschweig	—	—	—	—	1	—	—	—	—	—	—	3	1	—	—	1	—	—
Elsass-Lothr.	1	—	—	—	1	—	—	1	1	4	—	5	3	3	—	1	2	2
Hessen	—	—	—	1	5	2	—	—	—	1	3	3	1	1	—	1	—	—
Preussen	—	2	2	—	9	2	—	1	1	5	7	11	16	6	4	7	7	6
Thüringen	—	—	—	—	—	—	—	—	—	—	1	2	2	3	—	1	3	2
Württemberg	—	—	—	—	—	—	—	—	—	—	1	—	1	—	—	—	—	—
Summe	1	2	2	1	16	5	1	2	2	11	13	29	24	14	4	12	12	10

Hieraus ergiebt sich nach der Häufigkeit des Auftretens für die angeführten Insekten die Reihenfolge:

1) Melolontha vulgaris, 2) Hylobius abietis, 3) Hylesinus piniperda, 4) Dasychira pudibunda, 5) Bostrychus typographus, 6) Pissodes notatus, 7) Liparis monacha, 8) Gastropacha pini, 9) Cnethocampa processionea.

Die Reihenfolge ist gegen die des Vorjahres dieselbe geblieben, nur der Rothschwanz (Dasychira pudibunda L.) ist von fünfter an vierte Stelle vorgerückt, nachdem er bereits im 1893er Jahresbericht als von der 8. an die 5. Stelle gerückt hervorgehoben worden war. Auch der 1892er Bericht verzeichnete schon eine Zunahme dieses Insektes gegen früher. Jetzt hat sich der Rothschwanz so stark vermehrt, dass von nahezu 16 Stationen Kahlfrass gemeldet wurde.

Die nun folgende Tabelle enthält im Speziellen die namentliche Aufführung der einzelnen in der vorstehenden Uebersicht in Summa erscheinenden Beobachtungsorte in analoger Gruppirung.

Beobachtungsgebiet	Zahlreich	Mässig
	Beobachtungsort	

Gastropacha pini.

Elsass-Lothringen	Eulenkopf.	—
Preussen	—	Proskau, Woltersdorf.

Liparis monacha.

Hessen	—	Lich.
Preussen	Eichquast, Wardböhmen.	—

Dasychira pudibunda.

Baden	—	Mosbach.
Braunschweig	Schiesshaus.	—
Elsass-Lothringen	Daumen.	—
Hessen	Büdingen, Finkenloch, Haimbach, Lissberg, Mitteldick.	Feldkrücken, Gedern.
Preussen	Alt-Morschen, Diez, Eltville, Elzerath, Flörsbach, St. Johann, Johannisburg, Kyllburg, Oberems.	Annarode, Driedorf.

Cnethocampa processionea.

Baden	Karlsruhe.	—
Elsass-Lothringen	—	Diebolsheim.
Preussen	—	Annarode.

Pissodes notatus.

Baden	—	Messkirch.
Elsass-Lothringen	Banzenheim.	Daumen, Metzeral, St. Peter, Urbeis.
Hessen	—	Lehrbach.
Preussen	Proskau.	Althammer, Aurich, Rogelwitz, Sadlowo, Schoo.

Beobachtungsgebiet	Zahlreich	Mässig
	Beobachtungsort	

Melolontha vulgaris.

Beobachtungsgebiet	Zahlreich	Mässig
Baden	Thiengen.	Engen, Eppingen, Gerlachsheim, Messkirch, Weinheim.
Braunschweig	—	Harzburg, Lichtenberg, Todtenrode.
Elsass-Lothringen	—	Banzenheim, Château-Salins, Metzeral, St. Peter, Walscheid.
Hessen	Greifenhain, Hainbach, Mitteldick.	Feldkrücken, Gedern, Grebenhain.
Preussen	Alt-Morschen, Frankenau, Fritzen, Grammentin, Kirchberg, Pfeil, Sadlowo.	Annarode, Aurich, Kurwien, Lahnhof, Minden, Mirau, Mirchau, Neu-Sternberg, Springe, Schoo, Woltersdorf.
Thüringen	Saalburg.	Ernsee, Rathsfeld.
Württemberg	Langenau.	—

Hylobius abietis.

Beobachtungsgebiet	Zahlreich	Mässig
Baden	—	Gerlachsheim.
Braunschweig	Schiesshaus.	—
Elsass-Lothringen	Daumen, Porcelette, Urbeis.	Banzenheim, Metzeral, St. Peter.
Hessen	Feldkrücken.	Lich.
Preussen	Althammer, Braetz, Dingken, Födersdorf, Kirchberg, Mirau, Obernkirchen, Proskau, Rogelwitz, Rosengrund, Rüthnick, Sadlowo, Schwarza, Ullersdorf, Woltersdorf, Zerrin.	Aurich, Carlsberg, Kurwien, Lahnhof, Mirchau, Rothebude.
Thüringen	Neustadt a. Rh., Pöllwitz.	Ernsee, Tautenburg, Weimar.
Württemberg	Hohenheim.	—

Bostrychus typographus.

Beobachtungsgebiet	Zahlreich	Mässig
Baden	—	Messkirch.
Braunschweig	—	Harzburg.
Elsass-Lothringen	—	St. Peter.
Hessen	—	Greifenhain.
Preussen	Althammer, Alt-Morschen, Födersdorf, Rogelwitz.	Aurich, Kurwien, Neu-Sternberg, Rothebude, Sadlowo, Schoo, Schwarza.
Thüringen	—	Ernsee.

Beobachtungsgebiet	Zahlreich	Mässig
	Beobachtungsort	

Hylesinus piniperda.

Elsass-Lothringen	Daumen, Metzeral.	St. Peter, Porcelette.
Preussen	Clötze, Dingken, Minden, Mirau, Proskau, Schwarza, Zerrin.	Althammer, Braetz, Födersdorf, Kurwien, Stöckersdorf, Woltersdorf.
Thüringen	Eisenach, Frauensee, Pöllwitz.	Ernsee, Gera.